俄汉工程机械型号名谱

中国工程机械学会　编

吴　敏　译

上海科学技术出版社

编 委 会

序

　　土石方工程、流动起重装卸工程、人货升降输送工程和各种建筑工程综合机械化施工以及同上述相关的工业生产过程的机械化作业所需的机械设备统称为工程机械。工程机械应用范围极广,大致涉及如下领域:① 交通运输基础设施;② 能源领域工程;③ 原材料领域工程;④ 农林基础设施;⑤ 水利工程;⑥ 城市工程;⑦ 环境保护工程;⑧ 国防工程。

　　工程机械行业的发展历程大致可分为以下 6 个阶段。

　　第一阶段(1949 年前):工程机械最早应用于抗日战争时期滇缅公路建设。

　　第二阶段(1949—1960 年):我国实施第一个和第二个五年计划,156 项工程建设需要大量工程机械,国内筹建了一批以维修为主、生产为辅的中小型工程机械企业,没有建立专业化的工程机械制造厂,没有统一的管理与规划,高等学校也未设立真正意义上的工程机械专业或学科,相关科研机构也没有建立。各主管部委虽然设立了一些管理机构,但这些机构分散且规模很小。此期间全行业的职工人数仅 2 万余人,生产企业仅二十余家,总产值 2.8 亿元人民币。

　　第三阶段(1961—1978 年):国务院和中央军委决定在第一机械工业部成立工程机械工业局(五局),并于 1961 年 4 月 24 日正式成立,由此对工程机械行业的发展进行统一规划,形成了独立的制造体系。此外,高等学校设立了工程机械专业以培养相应人才,并成立了独立的研究所以制定全行业的标准化和技术情报交流体系。在此期间,全行业职工人数达 34 万余人,全国工程机械专业厂和兼并厂达 380 多家,固定资产 35 亿元人民币,工业总产值 18.8 亿元人民币,毛利润 4.6 亿元人民币。

　　第四阶段(1979—1998 年):这一时期工程机械管理机构经过几次大的变动,主要生产厂下放至各省、市、地区管理,改革开放的实行也促进了民营企业的发展。在此期间,全行业固定资产总额 210 亿元

人民币,净值 140 亿元人民币,有 1 000 多家厂商,销售总额 350 亿元
人民币。

第五阶段(1999—2012 年):此阶段工程机械行业发展很快,成绩
显著。全国有 1 400 多家厂商、主机厂 710 家,11 家企业入选世界工程
机械 50 强,30 多家企业在 A 股和 H 股上市,销售总额已超过美国、德
国、日本,位居世界第一,2012 年总产值近 5 000 亿元人民币。

第六阶段(2012 年至今):在此期间国家进行了经济结构调整,工
程机械行业的发展速度也有所变化,总体稳中有进。在经历了一段不
景气的时期之后,随着我国"一带一路"倡议的实施和国内城乡建设的
需要,将会迎来新的发展时期,完成由工程机械制造大国向工程机械制
造强国的转变。

随着经济发展的需要,我国的工程机械行业逐渐发展壮大,由原来
的以进口为主转向出口为主。1999 年至 2010 年期间,工程机械的进
口额从 15.5 亿美元增长到 84 亿美元,而出口的变化更大,从 6.89 亿
美元增长到 103.4 亿美元,2015 年达到近 200 亿美元。我国的工程机
械已经出口到世界 200 多个国家和地区。

我国工程机械的品种越来越多,根据中国工程机械工业协会标准,
我国工程机械已经形成 20 个大类、130 多个组、近 600 个型号、上千个
产品,在这些产品中还不包括港口机械以及部分矿山机械。为了适应
工程机械的出口需要和国内外行业的技术交流,我们将上述产品名称
翻译成 8 种语言,包括阿拉伯语、德语、法语、日语、西班牙语、意大利
语、英语和俄语,并分别提供中文对照,以方便大家在使用中进行参考。
翻译如有不准确、不正确之处,恳请读者批评指正。

编委会
2020 年 1 月

目　　录

1 экскаватор，экскаваторная техника，землеройная машина 挖掘机械

Группа/组	Тип/型	Продукт/产品
прерывистый экскаватор 间歇式挖掘机	механический экскаватор 机械式挖掘机	гусеничный механический экскаватор 履带式机械挖掘机
		колесный механический экскаватор 轮胎式机械挖掘机
		стационарный механический экскаватор на борту 固定式(船用)机械挖掘机
		карьерный экскаватор 矿用电铲
	гидравлический экскаватор 液压式挖掘机	гусеничный гидравлический экскаватор 履带式液压挖掘机
		колесный гидравлический экскаватор 轮胎式液压挖掘机
		амфибийный гидравлический экскаватор 水陆两用式液压挖掘机
		водно-болотный гидравлический экскаватор 湿地液压挖掘机
		шагающий гидравлический экскаватор 步履式液压挖掘机
		стационарный гидравлический экскаватор на борту 固定式(船用)液压挖掘机
	экскаватор-погрузчик 挖掘装载机	экскаватор-погрузчик с боковым перемещением 侧移式挖掘装载机
		промежуточный экскаватор-погрузчик 中置式挖掘装载机
экскаватор непрерывного действия 连续式挖掘机	колесно-ковшовой экскаватор 斗轮挖掘机	гусеничный колесно-ковшовой экскаватор 履带式斗轮挖掘机
		колесно-ковшовой экскаватор 轮胎式斗轮挖掘机
		колесно-ковшовой экскаватор со специального шагающего устройства 特殊行走装置斗轮挖掘机

（续表）

Группа/组	Тип/型	Продукт/产品
экскаватор непрерывного действия 连续式挖掘机	ролл-отрезанный экскаватор 滚切式挖掘机	ролл-отрезанный экскаватор 滚切式挖掘机
	фрезерный экскаватор 铣切式挖掘机	фрезерный экскаватор 铣切式挖掘机
	многоковшовый траншеекопатель 多斗挖沟机	траншеекопатель поформовочному разделу 成型断面挖沟机
		ковш-колесный траншеекопатель 轮斗挖沟机
		ковш-цепной траншеекопатель 链斗挖沟机
	ковш-цепной траншеекопатель 链斗挖沟机	гусеничный ковш-цепной траншеекопатель 履带式链斗挖沟机
		колесный ковш-цепной траншеекопатель 轮胎式链斗挖沟机
		рельсовыйковш-цепной траншеекопатель 轨道式链斗挖沟机
другая землеройная техника 其他挖掘机械		

2 землеройная машина 铲土运输机械

Группа/组	Тип/型	Продукт/产品
погрузчик 装载机	гусеничный погрузчик 履带式装载机	механический погрузчик 机械装载机
		гидромеханический погрузчик 液力机械装载机
		полный гидравлический погрузчик 全液压装载机
	колесный погрузчик 轮胎式装载机	механический погрузчик 机械装载机

（续表）

Группа/组	Тип/型	Продукт/产品
погрузчик 装载机	колесный погрузчик 轮胎式装载机	гидромеханический погрузчик 液力机械装载机
		полный гидравлический погрузчик 全液压装载机
	погрузчик с бортовым поворотом 滑移转向式装载机	погрузчик с бортовым поворотом 滑移转向装载机
	погрузчик специального назначения 特殊用途装载机	гусеничный болотный погрузчик 履带湿地式装载机
		боковой погрузчик 侧卸装载机
		скважинный погрузчик 井下装载机
		лесной погрузчик 木材装载机
скрепер，скребок， погрузочно- транспортная машина 铲运机	самоходный скребок 自行铲运机	колесный самоходный скребок 自行轮胎式铲运机
		колесный скребок с двумя двигателями 轮胎式双发动机铲运机
		гусеничный самоходный скребок 自行履带式铲运机
	прицепной скребок 拖式铲运机	механический скребок 机械铲运机
		гидравлический скребок 液压铲运机
бульдозер 推土机	гусеничный бульдозер 履带式推土机	механический бульдозер 机械推土机
		гидромеханический бульдозер 液力机械推土机
		полный гидравлический бульдозер 全液压推土机
		гусеничный болотный бульдозер 履带式湿地推土机
	колесный бульдозер 轮胎式推土机	гидромеханический бульдозер 液力机械推土机
		полный гидравлический бульдозер 全液压推土机

3

（续表）

Группа/组	Тип/型	Продукт/产品
бульдозер 推土机	тракторный подъемник 通井机	тракторный подъемник 通井机
	бульдозер с граблями 推耙机	бульдозер с граблями 推耙机
вилочный погрузчик 叉装机	вилочный погрузчик 叉装机	вилочный погрузчик 叉装机
грейдер 平地机	самоходный грейдер 自行式平地机	механический грейдер 机械式平地机
		гидромеханический грейдер 液力机械平地机
		полный гидравлический грейдер 全液压平地机
	буксируемый грейдер 拖式平地机	буксируемый грейдер 拖式平地机
внедорожный самосвал 非公路自卸车	карьерный самосвал 刚性自卸车	самосвал с механическим приводом 机械传动自卸车
		самосвал с гидромеханическим приводом 液力机械传动自卸车
		самосвал с гидростатическим приводом 静液压传动自卸车
		самосвал сэлектроприводом 电动自卸车
внедорожный самосвал 非公路自卸车	сочлененный самосвал 铰接式自卸车	самосвал с механическим приводом 机械传动自卸车
		самосвал с гидромеханическим приводом 液力机械传动自卸车
		самосвал с гидростатическим приводом 静液压传动自卸车
		самосвал сэлектроприводом 电动自卸车
	подземный карьерный самосвал 地下刚性自卸车	самосвал с гидромеханическим приводом 液力机械传动自卸车

4

（续表）

Группа/组	Тип/型	Продукт/产品
внедорожный самосвал 非公路自卸车	подземный сочлененный самосвал 地下铰接式自卸车	самосвал с гидромеханическим приводом 液力机械传动自卸车
		самосвал с гидростатическим приводом 静液压传动自卸车
		самосвал сэлектроприводом 电动自卸车
	поворотный самосвал 回转式自卸车	самосвал с гидростатическим приводом 静液压传动自卸车
	гравитационный самосвал 重力翻斗车	гравитационный самосвал 重力翻斗车
техника для подготовки работы 作业准备机械	кусторез 除荆机	кусторез 除荆机
	корчеватель 除根机	корчеватель 除根机
другая землеройная техника 其他铲土运输机械		

5

3　грузоподъемная машина，кран 起重机械

Группа/组	Тип/型	Продукт/产品
передвижной кран 流动式起重机	колесный кран 轮胎式起重机	автокран 汽车起重机
		полный наземный автокран 全地面起重机
		колесный кран 轮胎式起重机
		колесный подъемный кран повышенной проходимости 越野轮胎起重机
		кран на автомобиле 随车起重机

Группа/组	Тип/型	Продукт/产品
передвижной кран 流动式起重机	гусеничный кран 履带式起重机	гусеничный кранс ферменной стрелой 桁架臂履带起重机
		гусеничный кранс телескопической стрелой 伸缩臂履带起重机
	специальный передвижной кран 专用流动式起重机	передний подъемный кран 正面吊运起重机
		боковой подъемный кран 侧面吊运起重机
		гусеничный трубоукладчик 履带式吊管机
	вредитель 清障车	вредитель 清障车
		вредитель 清障抢救车
кранпостроек 建筑起重机械	башенный кран 塔式起重机	верхнеповоротный башенный кран на орбите 轨道上回转塔式起重机
		верхнеповоротный самоподъемный башенный кран на орбите 轨道上回转自升塔式起重机
		нижнеповоротный башенный кран на орбите 轨道下回转塔式起重机
		быстромонтируемый башенный кран на орбите 轨道快装式塔式起重机
		стрелобашенный кран на орбите 轨道动臂式塔式起重机
		плоский башенный кран на орбите 轨道平头式塔式起重机
		фиксированный верхнеповоротный башенный кран 固定上回转塔式起重机
		фиксированный верхнеповоротный самоподъемный башенный кран 固定上回转自升塔式起重机

（续表）

Группа/组	Тип/型	Продукт/产品
кранпостроек 建筑起重机械	башенный кран 塔式起重机	фиксированный нижнеповоротный башенный кран 固定下回转塔式起重机
		фиксированный быстромонтируемый башенный кран 固定快装式塔式起重机
кранпостроек 建筑起重机械	башенный кран 塔式起重机	фиксированный стрелобашенный кран 固定动臂式塔式起重机
		фиксированный плоский башенный кран 固定平头式塔式起重机
		стационарный подъемный башенный кран 固定内爬升式塔式起重机
	строительный подъемник 施工升降机	зубчато-реечный строительный подъемник 齿轮齿条式施工升降机
		канатный подвесной строительный подъемник 钢丝绳式施工升降机
		комбинированныйподъемник 混合式施工升降机
	строительная лебедка 建筑卷扬机	однобарабанная лебедка 单筒卷扬机
		двойбарабанная лебедка 双筒式卷扬机
		трехбарабанная лебедка 三筒式卷扬机
другой кран 其他起重机械		

7

4　промышленное транспортное средство 工业车辆

Группа/组	Тип/型	Продукт/产品
моторизованные промышленные транспортные средства 机动工业车辆 （内燃、蓄电池、双动力）	грузовик с фиксированной платформой 固定平台搬运车	грузовик с фиксированной платформой 固定平台搬运车
	автотягач и трактор-толкач 牵引车和推顶车	автотягач 牵引车
		трактор-толкач 推顶车

（续表）

Группа/组	Тип/型	Продукт/产品
моторизованные промышленные транспортные средства 机动工业车辆（内燃、蓄电池、双动力）	штабелируемое（с высоким подъемом）транспортное средство 堆垛用(高起升)车辆	вилочный погрузчик с противовесом 平衡重式叉车
		вилочный автопогрузчик 前移式叉车
		шагающий кран-тележка 插腿式叉车
		пакетный вилочный погрузчик для стогования 托盘堆垛车
		грузовой штамблер 平台堆垛车
		грузовик с подъемным рабочим местом 操作台可升降车辆
		боковой погрузчик（односторонний）/боковая вилка 侧面式叉车（单侧）
		вилочный погрузчик повышенной проходимости 越野叉车
		боковой штабелированный погрузчик（с обеих сторон）侧面堆垛式叉车（两侧）
		трехходовой штабелированный погрузчик 三向堆垛式叉车
		штабелируемый сцеп с высоким подъемом 堆垛用高起升跨车
		сбалансированный штамблер для тяжелых контейнеров 平衡重式集装箱堆高机
	бесштабелируемое（малоподъемное）транспортное средство 非堆垛用(低起升)车辆	тележка с поддоном 托盘搬运车
		тележка с платформой 平台搬运车
		сцеп с низким подъемом 非堆垛用低起升跨车

(续表)

Группа/组	Тип/型	Продукт/产品
моторизованные промышленные транспортные средства 机动工业车辆 (内燃、蓄电池、双动力)	вилочный погрузчик с телескопической стрелой 伸缩臂式叉车	вилочный погрузчик с телескопической стрелой 伸缩臂式叉车
		телескопический погрузчик повышенной проходимости 越野伸缩臂式叉车
	вилочный погрузчик для выборки 拣选车	вилочный погрузчик для выборки 拣选车
	беспилотный автомобиль 无人驾驶车辆	беспилотный автомобиль 无人驾驶车辆
немоторизованные промышленные транспортные средства 非机动工业车辆	пешеходный штабелер 步行式堆垛车	пешеходный штабелер 步行式堆垛车
	пешеходный штабелер с поддоном 步行式托盘堆垛车	пешеходный штабелер с поддоном 步行式托盘堆垛车
	шагающая тележка с поддоном 步行式托盘搬运车	шагающая тележка с поддоном 步行式托盘搬运车
	шагающая тележка с поддоном для ножничного подъемника 步行剪叉式升降托盘搬运车	шагающая тележка с поддоном для ножничного подъемника 步行剪叉式升降托盘搬运车
другие промышленные транспортные средства 其他工业车辆		

9

5 уплотнительная машина, ролик и уплотнитель 压实机械

Группа/组	Тип/型	Продукт/产品
статический дорожный каток 静作用压路机	прицепной каток 拖式压路机	прицепной каток с гладким цилиндром 拖式光轮压路机
	самоходный каток 自行式压路机	каток с двумя гладкими цилиндрами 两轮光轮压路机

Группа/组	Тип/型	Продукт/产品
статический дорожный каток 静作用压路机	самоходный каток 自行式压路机	каток с двумя шарнирными гладкими цилиндрами 两轮铰接光轮压路机
		каток с тремя гладкими цилиндрами 三轮光轮压路机
		каток с тремя шарнирными гладкими цилиндрами 三轮铰接光轮压路机
вибрационный каток 振动压路机	каток с гладким цилиндром 光轮式压路机	вибрационный каток с двумя тандемными цилиндрами 两轮串联振动压路机
		вибрационный каток с двумя шарнирными цилиндрами 两轮铰接振动压路机
		четырехбарабанный вибрационный каток 四轮振动压路机
	пневмоколесный каток 轮胎驱动式压路机	пневмоколесный вибрационный каток с гладким цилиндром 轮胎驱动光轮振动压路机
		пневмоколесный вибрационный каток с кулочковым цилиндром 轮胎驱动凸块振动压路机
	прицепной каток 拖式压路机	прицепной вибрационный каток 拖式振动压路机
		прицепной вибрационный каток с кулочковым цилиндром 拖式凸块振动压路机
	ручной каток 手扶式压路机	ручной вибрационный каток с гладким цилиндром 手扶光轮振动压路机
		ручной вибрационный каток с кулочковым цилиндром 手扶凸块振动压路机
		ручной вибрационный каток с рулевым управлением 手扶带转向机构振动压路机

（续表）

Группа/组	Тип/型	Продукт/产品
колебательный дорожный каток 振荡压路机	каток сгладким цилиндром 光轮式压路机	колебательный каток с двумя тандемными цилиндрами 两轮串联振荡压路机
		колебательный каток сдвумя шарнирными цилиндрами 两轮铰接振荡压路机
	пневмоколесный каток 轮胎驱动式压路机	пневмоколесный колебательный каток с гладким цилиндром 轮胎驱动式光轮振荡压路机
пневмоколесный каток 轮胎压路机	самоходный каток 自行式压路机	пневмоколесный каток 轮胎压路机
		шарнирный пневмоколесный каток 铰接式轮胎压路机
ударный ролик 冲击压路机	прицепной каток 拖式压路机	прицепной ударный вал 拖式冲击压路机
	самоходный каток 自行式压路机	самоходный ударный ролик 自行式冲击压路机
комбинированный дорожный каток 组合式压路机	комбинированный вибрационный и пневмоколесный каток 振动轮胎组合式压路机	комбинированный вибрационный и пневмоколесный каток 振动轮胎组合式压路机
	вибрационный колебательный ролик 振动振荡式压路机	вибрационный колебательный ролик 振动振荡压路机
виброплощадка 振动平板夯	электрическая виброплощадка 电动式平板夯	электрическая виброплощадка 电动振动平板夯
	виброплощадка с двигателем внутреннего сгорания 内燃式平板夯	виброплощадка с двигателем внутреннего сгорания 内燃振动平板夯
вибротрамбовка 振动冲击夯	электрическая трамбовка 电动式冲击夯	электрическая вибротрамбовка 电动振动冲击夯
	трамбовка с двигателем внутреннего сгорания 内燃冲击夯	вибротрамбовка с двигателем внутреннего сгорания 内燃振动冲击夯

11

Группа/组	Тип/型	Продукт/产品
взрывный компактор 爆炸式夯实机	взрывный компактор 爆炸式夯实机	взрывный компактор 爆炸式夯实机
трамбующая машина стойкового типа 蛙式夯实机	трамбующая машина стойкового типа 蛙式夯实机	трамбующая машина стойкового типа 蛙式夯实机
уплотнитель мусора 垃圾填埋压实机	статический уплотнитель 静碾式压实机	статический уплотнитель мусора 静碾式垃圾填埋压实机
	вибрационный уплотнитель 振动式压实机	вибрационный уплотнитель мусора 振动式垃圾填埋压实机
другая уплотнительная машина 其他压实机械		

6　техника для строительства и эксплуатации дорожного покрытия 路面施工与养护机械

Группа/组	Тип/型	Продукт/产品
техника для строительства асфальтового дорожного покрытия 沥青路面施工机械	асфальтовый завод, оборудование для смешивания асфальтовых смесей 沥青混合料搅拌设备	оборудование для прерывистого принудительного смешивания асфальта 强制间歇式沥青搅拌设备
		оборудование для непрерывного принудительного смешивания асфальта 强制连续式沥青搅拌设备
		роликовое оборудование для непрерывного смешивания асфальта 滚筒连续式沥青搅拌设备
		двухроликовое оборудование для непрерывного смешивания асфальта 双滚筒连续式沥青搅拌设备
		двухроликовое оборудование для прерывистого смешивания асфальта 双滚筒间歇式沥青搅拌设备

Группа/组	Тип/型	Продукт/产品
техника для строительства асфальтового дорожного покрытия 沥青路面施工机械	асфальтовый завод, оборудование для смешивания асфальтовых смесей 沥青混合料搅拌设备	мобильное оборудование для смешивания асфальта 移动式沥青搅拌设备
		оборудование для смешивания асфальта в контейнерах 集装箱式沥青搅拌设备
		экологическое оборудование для смешивания асфальта 环保型沥青搅拌设备
	асфальтоукладчик 沥青混合料摊铺机	гусеничный асфальтоукладчик с механическим приводом 机械传动履带式沥青摊铺机
		полный гидравлический гусеничный асфальтоукладчик 全液压履带式沥青摊铺机
		колесный асфальтоукладчик с механическим приводом 机械传动轮胎式沥青摊铺机
		полный гидравлический колесный асфальтоукладчик 全液压轮胎式沥青摊铺机
		двухслойный асфальтоукладчик 双层沥青摊铺机
		асфальтоукладчик с разбрызгивателем 带喷洒装置沥青摊铺机
		придорожный асфальтоукладчик 路沿摊铺机
	транспортер асфальтовой смеси 沥青混合料转运机	прямой транспортер асфальта 直传式沥青转运料机
		асфальто транспортер с бункером 带料仓式沥青转运料机
	распределитель асфальта 沥青洒布机（车）	распределитель асфальта с механическим приводом 机械传动沥青洒布机（车）
		распределитель асфальта с гидравлическим приводом 液压传动沥青洒布机（车）
		пневматический распределитель асфальта 气压沥青洒布机

Группа/组	Тип/型	Продукт/产品
техника для строительства асфальтового дорожного покрытия 沥青路面施工机械	разбрызгиватель щепы 碎石撒布机	разбрызгиватель щепы с одним конвейером 单输送带石屑撒布机
		разбрызгиватель щепы с двойной конвейерной лентой 双输送带石屑撒布机
		подвесной простой разбрызгиватель щепы 悬挂式简易石屑撒布机
		разбрасыватель черного гравия 黑色碎石撒布机
	дозатор вяжущего битума 液态沥青运输机	утеплительная автоцистерна для перевозки битума 保温沥青运输罐车
		полуприцеп- утеплительная цистерна для перевозки битума 半拖挂保温沥青运输罐车
		простая перевозная цистерна с битумами 简易车载式沥青罐车
	асфальтовый насос 沥青泵	шестеренный асфальтовый насос 齿轮式沥青泵
		плунжерный асфальтовый насос 柱塞式沥青泵
		винтовой асфальтовый насос 螺杆式沥青泵
	асфальтовый клапан 沥青阀	изолированный трехходовой асфальтовый клапан（ручной, электрический, пневматический）保温三通沥青阀（分手动、电动、气动）
		изолированный двусторонний асфальтовый клапан（ручной, электрический, пневматический）保温二通沥青阀（分手动、电动、气动）
		изолированный двусторонний асфальтовыйшаровой клапан 保温二通沥青球阀

14

（续表）

Группа/组	Тип/型	Продукт/产品
техника для строительства асфальтового дорожного покрытия 沥青路面施工机械	асфальтовый резервуар 沥青贮罐	вертикальный асфальтовый резервуар 立式沥青贮罐
		горизонтальный асфальтовый резервуар 卧式沥青贮罐
		асфальтовый склад(станция) 沥青库（站）
техника для строительства асфальтового дорожного покрытия 沥青路面施工机械	оборудование для нагрева и плавления асфальта 沥青加热熔化设备	фиксированное плавильное оборудование асфальта с пламенным нагревом 火焰加热固定式沥青熔化设备
		мобильное плавильное оборудование асфальта с пламенным нагревом 火焰加热移动式沥青熔化设备
		фиксированное плавильное оборудование асфальта с паровым обогревом 蒸汽加热固定式沥青熔化设备
		мобильное плавильное оборудование асфальта с паровым обогревом 蒸汽加热移动式沥青熔化设备
		фиксированное плавильное оборудование асфальта с подогревом теплопроводящего масла 导热油加热固定式沥青熔化设备
		фиксированное плавильное оборудование асфальтас электрическим подогревом 电加热固定式沥青熔化设备
		мобильное плавильное оборудование асфальтас электрическим подогревом 电加热移动式沥青熔化设备
		фиксированное плавильное оборудование асфальтас инфракрасным подогревом 红外线固定加热式沥青熔化设备
		мобильное плавильное оборудование асфальтас инфракрасным подогревом 红外线加热移动式沥青熔化设备
		фиксированное плавильное оборудование асфальтас помощью солнечной энергии 太阳能加热固定式沥青熔化设备
		мобильное плавильное оборудование асфальтас помощью солнечной энергии 太阳能加热移动式沥青熔化设备

15

Группа/组	Тип/型	Продукт/产品
техника для строительства асфальтового дорожного покрытия 沥青路面施工机械	асфальтоукладо чное оборудование 沥青灌装设备	оборудование для заливки асфальта в бочках 筒装沥青灌装设备
		оборудование для фасовки асфальта в мешки 袋装沥青灌装设备
	оборудование для плавки асфальта 沥青脱桶装置	фиксированное оборудование для плавки асфальта 固定式沥青脱桶装置
		мобильное оборудование для плавки асфальта 移动式沥青脱桶装置
	оборудование для модификации асфальта 沥青改性设备	оборудование для модификации асфальтас перемешиванием 搅拌式沥青改性设备
		оборудование для модификации асфальтас коллоидной мельницей 胶体磨式沥青改性设备
	асфальтоэмульсионное оборудование，за вод по изготовлению битумной эмульсии 沥青乳化设备	мобильное асфальтоэмульсионное оборудование 移动式沥青乳化设备
		фиксированное асфальтоэмульсионное оборудование 固定式沥青乳化设备
техника для строительства бетоннго дорожного покрытия 水泥面施工机械	бетоноукладчик 水泥混凝土摊铺机	цементобетоноукладчик по типу скольжения 滑模式水泥混凝土摊铺机
		рельсовый цементобетоноукладчик 轨道式水泥混凝土摊铺机
	многофункцион альная машина для мощения бордюров 多功能路缘石铺筑机	гусеничная машина для мощения цементобетонных бордюров 履带式水泥混凝土路缘铺筑机
		рельсовая машина для мощения цементобетонных бордюров 轨道式水泥混凝土路缘铺筑机
		пневмоколесная машина для мощения цементобетонных бордюров 轮胎式水泥混凝土路缘铺筑机

16

（续表）

Группа/组	Тип/型	Продукт/产品
техника для строительства бетоннго дорожного покрытия 水泥面施工机械	резчик швов 切缝机	ручной резчик швов для цементобетонного покрытия 手扶式水泥混凝土路面切缝机
		рельсовый резчик швов для цементобетонного покрытия 轨道式水泥混凝土路面切缝机
		пневмоколесныйрезчик швов для цементобетонного покрытия 轮胎式水泥混凝土路面切缝机
	вибрационная балка цементобетонного покрытия 水泥混凝土路面振动梁	однобалочная вибрационная балка цементобетонного покрытия 单梁式水泥混凝土路面振动梁
		двухбалочная вибрационная балка цементобетонного покрытия 双梁式水泥混凝土路面振动梁
	мастерок цементобетонного покрытия 水泥混凝土路面抹光机	электрический мастерок цементобетонного покрытия 电动式水泥混凝土路面抹光机
		мастерок цементобетонного покрытия с двигателем внутреннего сгорания 内燃式水泥混凝土路面抹光机
	устройство для обезвоживания цементобетонного покрытия 水泥混凝土路面脱水装置	вакуум-дегидратационное устройство цементобетонного покрытия 真空式水泥混凝土路面脱水装置
		устройство обезвоживания цементо-бетонного покрытия с мембранной воздушной подушкой 气垫膜式水泥混凝土路面脱水装置
	укладчик цементобетонного бокового желоба 水泥混凝土边沟铺筑机	гусеничный укладчик цементобетонного бокового желоба 履带式水泥混凝土边沟铺筑机
		рельсовый укладчик цементобетонного бокового желоба 轨道式水泥混凝土边沟铺筑机
		пневмоколесный укладчик цементобетонного бокового желоба 轮胎式水泥混凝土边沟铺筑机
	заливщик трещин для дорожного покрытия 路面灌缝机	прицепной заливщик трещин для дорожного покрытия 拖式路面灌缝机
		самоходный заливщик трещин для дорожного покрытия 自行式路面灌缝机

17

Группа/组	Тип/型	Продукт/产品
техника для строительства базы дорожного покрытия 路面基层施工机械	стабилизатор грунтов 稳定土拌和机	гусеничный стабилизатор грунтов 履带式稳定土拌和机
		пневмоколесный стабилизатор грунтов 轮胎式稳定土拌和机
	мешальное оборудование стабильного грунта 稳定土拌和设备	принудительное мешальное оборудование стабильного грунта 强制式稳定土拌和设备
		самодовольное мешальное оборудование стабильного грунта 自落式稳定土拌和设备
	укладчик стабильного грунта 稳定土摊铺机	гусеничный укладчик стабильного грунта 履带式稳定土摊铺机
		пневмоколесный укладчик стабильного грунта 轮胎式稳定土摊铺机
строительная техника для дорожных принадлежностей 路面附属设施施工机械	строительная техника для ограждения 护栏施工机械	копер /машина для извлечения свай 打桩、拔桩机
		стропальная машина с буровой установкой 钻孔吊桩机
	строительная техника для дорожной разметки 标线标志施工机械	распылитель для маркировки краски при нормальной температуре 常温漆标线喷涂机
		машина для маркировки краски горячего расплава 热熔漆标线划线机
		машина по удалению дорожной разметки 标线清除机
	строительная техника для боковой канавы и склона 边沟、护坡施工机械	канавокопатель 开沟机
		укладчик боковой канавы 边沟摊铺机
		укладчик склона 护坡摊铺机
техника для обслуживания дорожного покрытия 路面养护机械	многофункциональная машина для обслуживания 多功能养护机	многофункциональная машина для обслуживания 多功能养护机

（续表）

Группа/组	Тип/型	Продукт/产品
техника для обслуживания до рожного покрытия 路面养护机械	машина для ремонта выбоины асфальтового дорожного покрытия 沥青路面坑槽修补机	машина для ремонта выбоины асфальтового дорожного покрытия 沥青路面坑槽修补机
	патчер асфальтового дорожного покрытия с нагревом 沥青路面加热修补机	патчер асфальтового дорожного покрытия с нагревом 沥青路面加热修补机
	патчер выбоины с распылением 喷射式坑槽修补机	патчер выбоины с распылением 喷射式坑槽修补机
	машина для переработки покрытия 再生修补机	машина для переработки покрытия 再生修补机
	расширительная машина 扩缝机	расширительная машина 扩缝机
	траншейный триммер 坑槽切边机	траншейный триммер 坑槽切边机
	малая машмна для оберлея дорожного покрытия 小型罩面机	малая машмна для оберлея дорожного покрытия 小型罩面机
	выемочный комбайн для дорожного покрытия 路面切割机	выемочный комбайн для дорожного покрытия 路面切割机
	разбрызгиватель, поливочная тележка 洒水车	разбрызгиватель, поливочная тележка 洒水车
	дорожная фрезерная машина 路面刨铣机	гусеничная дорожная фрезерная машина 履带式路面刨铣机
		пневмоколесная дорожная фрезерная машина 轮胎式路面刨铣机
	автомобиль с оборудованием для обслуживания ас фальтового дорожного покрытия 沥青路面养护车	самоходный автомобиль с оборудованием для обслуживания асфальтового дорожного покрытия 自行式沥青路面养护车
		прицепной автомобиль с оборудованием для обслуживания асфальтового дорожного покрытия 拖式沥青路面养护车

19

Группа/组	Тип/型	Продукт/产品
техника для обслуживания до рожного покрытия 路面养护机械	автомобиль с оборудованием для обслуживания цементобетонног о дорожного покрытия 水泥混凝土路面养护车	самоходный автомобиль с оборудованием для обслуживания цементобетонного дорожного покрытия 自行式水泥混凝土路面养护车
		прицепной автомобиль с оборудованием для обслуживания цементобетонного дорожного покрытия 拖式水泥混凝土路面养护车
	дробилка цементобетонного дорожного покрытия 水泥混凝土路面破碎机	самоходная дробилка цементобетонного дорожного покрытия 自行式水泥混凝土路面破碎机
		прицепная дробилка цементобетонного дорожного покрытия 拖式水泥混凝土路面破碎机
	машина для заделки дефектов асфальтовой суспензией 稀浆封层机	самоходная машина для заделки дефектов асфальтовой суспензией 自行式稀浆封层机
		прицепная машина для заделки дефектов асфальтовой суспензией 拖式稀浆封层机
	машина возврата песка 回砂机	машина возврата песка скребкового типа 刮板式回砂机
		машина возврата песка с ротором 转子式回砂机
техника для обслуживанияадо рожного покрытия 路面养护机械	дорожный долбежный станок 路面开槽机	ручной дорожный долбежный станок 手扶式路面开槽机
		самоходный дорожный долбежный станок 自行式路面开槽机
	заливщик трещин для дорожного покрытия 路面灌缝机	прицепной заливщик трещин для дорожного покрытия 拖式路面灌缝机
		самоходный заливщик трещин для дорожного покрытия 自行式路面灌缝机
	асфальторазогреватель 沥青路面加热机	самоходный асфальторазогреватель 自行式沥青路面加热机
		прицепной асфальторазогреватель 拖式沥青路面加热机
		подвесной асфальторазогреватель 悬挂式沥青路面加热机

20

Группа/组	Тип/型	Продукт/产品
техника для о- бслуживания до рожного покрытия 路面养护机械	машина для теплой переработки асфальтового покрытия 沥青路面热再生机	самоходная машина для теплой переработки асфальтового покрытия 自行式沥青路面热再生机
		прицепная машина для теплой переработки асфальтового покрытия 拖式沥青路面热再生机
		подвесная машина для теплой переработки асфальтового покрытия 悬挂式沥青路面热再生机
	машина для холодной переработки асфальтового покрытия 沥青路面冷再生机	самоходная машина для холодной переработки асфальтового покрытия 自行式沥青路面冷再生机
		прицепная машина для холодной переработки асфальтового покрытия 拖式沥青路面冷再生机
		подвесная машина для холодной переработки асфальтового покрытия 悬挂式沥青路面冷再生机
	оборудование для переработки эмульгированного асфальта 乳化沥青再生设备	фиксированное оборудование для переработки эмульгированного асфальта 固定式乳化沥青再生设备
		мобильное оборудование для переработки эмульгированного асфальта 移动式乳化沥青再生设备
	оборудование для переработки пенного асфальта 泡沫沥青再生设备	фиксированное оборудование для переработки пенного асфальта 固定式泡沫沥青再生设备
		мобильное оборудование для переработки пенного асфальта 移动式泡沫沥青再生设备
	машина для запечатывания стружки 碎石封层机	машина для запечатывания стружки 碎石封层机
	экспресс-смеситель на месте 就地再生搅拌列车	экспресс-смеситель на месте 就地再生搅拌列车
	обогреватель тротуара 路面加热机	обогреватель тротуара 路面加热机

21

（续表）

Группа/组	Тип/型	Продукт/产品
	ремиксер отопления тротуара 路面加热复拌机	ремиксер отопления тротуара 路面加热复拌机
	газонокосилка 割草机	газонокосилка 割草机
	триммер для дерева 树木修剪机	триммер для дерева 树木修剪机
	подметальная машина 路面清扫机	подметальная машина 路面清扫机
	машина для чистки ограждений 护栏清洗机	машина для чистки ограждений 护栏清洗机
техн밑ика для о-бслуживания до рожного покрытия 路面养护机械	транспортное средство с индикатором безопасности конструкции 施工安全指示牌车	транспортное средство с индикатором безопасности конструкции 施工安全指示牌车
	машина для ремонта канав 边沟修理机	машина для ремонта канав 边沟修理机
	ночное осветительное оборудование 夜间照明设备	ночное осветительное оборудование 夜间照明设备
	машина для восстановления проницаеого дорожного покрытия 透水路面恢复机	машина для восстановления проницаеого дорожного покрытия 透水路面恢复机
	снегоочиститель-ьное оборудование 除冰雪机械	снегоуборочная машина с вращающимся инструментом 转子式除雪机
		снегоуборочная машина с плугом 犁式除雪机
		спиральный снегоочиститель 螺旋式除雪机
		объединенный снегоуборочный грузовик 联合式除雪机
		снегоуборочный грузовик 除雪卡车

22

(续表)

Группа/组	Тип/型	Продукт/产品
техника для о- бслуживания до рожного покрытия 路面养护机械	снегоочистител ьное оборудование 除冰雪机械	снегоплавильный разбрасыватель 融雪剂撒布机
		снегоплавильный опрыскиватель 融雪液喷洒机
		струйный антиобледенитель 喷射式除冰雪机
другая техника для строительства и эксплуатации дорожного покрытия 其他路面施工与 养护机械		

7 бетонная техника 混凝土机械

Группа/组	Тип/型	Продукт/产品
бетонная мешалка 搅拌机	мешалка с коническим реверсивным барабаном 锥形反转出料式 搅拌机	бетономешалка с шестеренным коническим реверсивным барабаном 齿圈锥形反转出料混凝土搅拌机
		бетономешалка с фрикционным коническим реверсивным барабаном 摩擦锥形反转出料混凝土搅拌机
		бетономешалка типа конического реверсивного барабана с двигателем внутреннего сгорания 内燃机驱动锥形反转出料混凝土搅拌机
	мешалка с коническим опрокидывающимся барабаном 锥形倾翻出料式 搅拌机	бетономешалка с шестеренным коническим опрокидывающимся барабаном 齿圈锥形倾翻出料混凝土搅拌机
		бетономешалка с фрикционным коническим опрокидывающимся барабаном 摩擦锥形倾翻出料混凝土搅拌机
		пневмоколесный полный гидравлический погрузчик 轮胎式全液压装载机

23

Группа/组	Тип/型	Продукт/产品
бетонная мешалка 搅拌机	мешалка турбовинтового типа 涡浆式搅拌机	бетономешалка турбовинтового типа 涡浆式混凝土搅拌机
	мешалка планетарного типа 行星式搅拌机	бетономешалка планетарного типа 行星式混凝土搅拌机
	мешалка с одной горизонтальной осью 单卧轴式搅拌机	бетономешалка с одной горизонтальной осью с механической подачей 单卧轴式机械上料混凝土搅拌机
		бетономешалка с одной горизонтальной осью с гидравлической подачей 单卧轴式液压上料混凝土搅拌机
	мешалка с двумя горизонтальным осями 双卧轴式搅拌机	бетономешалка с двумя горизонтальным осями с механической подачей 双卧轴式机械上料混凝土搅拌机
		бетономешалка с двумя горизонтальным осями с гидравлической подачей 双卧轴式液压上料混凝土搅拌机
	мешалка непрерывного типа 连续式搅拌机	бетономешалка непрерывного типа 连续式混凝土搅拌机
бетоносмесительная установка 混凝土搅拌楼	бетоносмесительная установка с коническим реверсивным барабаном 锥形反转出料式搅拌楼	бетоносмесительная установка с дуплексным коническим реверсивным барабаном 双主机锥形反转出料混凝土搅拌楼
	бетоносмесительная установка с коническим опрокидывающимся барабаном 锥形倾翻出料式搅拌楼	бетоносмесительная установка с дуплексным коническим опрокидывающимся барабаном 双主机锥形倾翻出料混凝土搅拌楼
		бетоносмесительная установка с тремя коническим опрокидывающимся барабаном 三主机锥形倾翻出料混凝土搅拌楼
		бетоносмесительная установка с четырьмя коническим опрокидывающимся барабаном 四主机锥形倾翻出料混凝土搅拌楼

24

Группа/组	Тип/型	Продукт/产品
бетоносмеси-тельная установка 混凝土搅拌楼	бетоносмесительная установка турбовинтового типа 涡桨式搅拌楼	турбовинтовая бетоносмесительная установка с одним хостом 单主机涡桨式混凝土搅拌楼
		турбовинтовая бетоносмесительная установка с двойным хостом 双主机涡桨式混凝土搅拌楼
	бетоносмесительная установка планетарного типа 行星式搅拌楼	бетоносмесительная установка планетарного типа с одним хостом 单主机行星式混凝土搅拌楼
		бетоносмесительная установка планетарного типа с двойным хостом 双主机行星式混凝土搅拌楼
	бетоносмесительная установка с одной горизонтальной осью 单卧轴式搅拌楼	бетоносмесительная установка с одной горизонтальной осью с одним хостом 单主机单卧轴式混凝土搅拌楼
		бетоносмесительная установка с одной горизонтальной осью с двойным хостом 双主机单卧轴式混凝土搅拌楼
	бетоносмесительная установка с двумя горизонтальными осями 双卧轴式搅拌楼	бетоносмесительная установка с двумя горизонтальным осями с одним хостом 单主机双卧轴式混凝土搅拌楼
		бетоносмесительная установка с двумя горизонтальным осями с двойным хостом 双主机双卧轴式混凝土搅拌楼
	бетоносмесительная установка непрерывного типа 连续式搅拌楼	бетоносмесительная установка непрерывного типа 连续式混凝土搅拌楼
бетоносмесител-ьная станция 混凝土搅拌站	бетоносмесительная станция с коническим реверсивным барабаном 锥形反转出料式搅拌站	бетоносмесительная станция с коническим реверсивным барабаном 锥形反转出料式混凝土搅拌站
	бетоносмесительная станция с коническим опрокидывающимся барабаном 锥形倾翻出料式搅拌站	бетоносмесительная станция с коническим опрокидывающимся барабаном 锥形倾翻出料式混凝土搅拌站

25

Группа/组	Тип/型	Продукт/产品
бетоносмесительная станция 混凝土搅拌站	бетоносмесительная станция турбовинтового типа 涡桨式搅拌站	бетоносмесительная станция турбовинтового типа 涡桨式混凝土搅拌站
	бетоносмесительная станция планетарного типа 行星式搅拌站	бетоносмесительная станция планетарного типа 行星式混凝土搅拌站
	бетоносмесительная станция с одной горизонтальной осью 单卧轴式搅拌站	бетоносмесительная станция с одной горизонтальной осью 单卧轴式混凝土搅拌站
	бетоносмесительная станция с двумя горизонтальным осями 双卧轴式搅拌站	бетоносмесительная станция с двумя горизонтальным осями 双卧轴式混凝土搅拌站
	бетоносмесительная станция непрерывного типа 连续式搅拌站	бетоносмесительная станция непрерывного типа 连续式混凝土搅拌站
автобетоноразвозка 混凝土搅拌运输车	самоходная автобетоноразвозка 自行式搅拌运输车	бетоновоз с маховиком 飞轮取力混凝土搅拌运输车
		бетоновоз с передней силой 前端取力混凝土搅拌运输车
		бетоновоз с отдельным приводом 单独驱动混凝土搅拌运输车
		бетоновоз с передней разгрузкой 前端卸料混凝土搅拌运输车
		бетоновоз с ленточным конвейером 带皮带输送机混凝土搅拌运输车
		бетоновоз с загрузочным устройством 带上料装置混凝土搅拌运输车
		бетоновоз с бетононасосои с стрелой 带臂架混凝土泵混凝土搅拌运输车
		бетоновоз с опрокидывающим механизмом 带倾翻机构混凝土搅拌运输车
	прицепная автобетоноразвозка 拖式搅拌运输车	автобетоноразвозка 混凝土搅拌运输车

(续表)

Группа/组	Тип/型	Продукт/产品
бетононасос 混凝土泵	стационарный насос 固定式泵	стационарный бетононасос 固定式混凝土泵
	передвижной насос 拖式泵	передвижной бетононасос 拖式混凝土泵
	насос на грузовике 车载式泵	бетононасос на грузовике 车载式混凝土泵
бетонораспределите льная стрела 混凝土布料杆	складная распределительная стрела 卷折式布料杆	складная бетонораспределительная стрела 卷折式混凝土布料杆
	Z-образная складная распределительная стрела "Z"形折叠式布料杆	Z-образная складная бетонораспределительная стрела "Z"形折叠式混凝土布料杆
	телескопическая распределительная стрела 伸缩式布料杆	телескопическая бетонораспределительная стрела 伸缩式混凝土布料杆
	комбинированн ая распределите льная стрела 组合式布料杆	складная и Z-образная складывающаяся сборная бетонораспределительная стрела 卷折"Z"形折叠组合式混凝土布料杆
		Z-образная складная и телескопическая бетонораспределительная стрела "Z"形折叠伸缩组合式混凝土布料杆
		складная и телескопическая сборная бетонораспределительная стрела 卷折伸缩组合式混凝土布料杆
мобильный бетононасос с установленной стрелой 臂架式混凝 土泵车	комплексный мобильный бетононасос 整体式泵车	комплексный мобильный бетононасос с установленной стрелой 整体式臂架式混凝土泵车
	полунавесной мобильный бетононасос 半挂式泵车	полунавесной мобильный бетононасос с установленной стрелой 半挂式臂架式混凝土泵车
	мобильный бетононасос 全挂式泵车	мобильный бетононасос с установленной стрелой 全挂式臂架式混凝土泵车

Группа/组	Тип/型	Продукт/产品
машина для торкретирования 混凝土喷射机	цилиндрическая машина для торкретирования 缸罐式喷射机	цилиндрическая машина для торкретирования бетона 缸罐式混凝土喷射机
	спиральная машина для торкретирования 螺旋式喷射机	спиральная машина для торкретирования бетона 螺旋式混凝土喷射机
	роторная машина для торкретирования 转子式喷射机	роторная машина для торкретирования бетона 转子式混凝土喷射机
насадка-манипулятор для обработки бетона 混凝土喷射机械手	насадка-манипулятор для обработки бетона 混凝土喷射机械手	насадка-манипулятор для обработки бетона 混凝土喷射机械手
насадка-рубанок для грубой обработки бетона 混凝土喷射台车	насадка-рубанок для грубой обработки бетона 混凝土喷射台车	насадка-рубанок для грубой обработки бетона 混凝土喷射台车
машина для бетонирования 混凝土浇注机	орбитальная машина для бетонирования 轨道式浇注机	орбитальная машина для бетонирования 轨道式混凝土浇注机
	пневмоколесная машина для бетонирования 轮胎式浇注机	пневмоколесная машина для бетонирования 轮胎式混凝土浇注机
	стационарная машина для бетонирования 固定式浇注机	стационарная машина для бетонирования 固定式混凝土浇注机
бетонный вибратор 混凝土振动器	внутренний вибрационный вибратор 内部振动式振动器	бетонный вибратор с электрическим планетарным гибким валом 电动软轴行星插入式混凝土振动器
		бетонный вибратор с электрическим эксцентриковым гибким валом 电动软轴偏心插入式混凝土振动器
		бетонный вибратор с дизельным планетарным гибким валом 内燃软轴行星插入式混凝土振动器
		бетонный вибратор с встроенным мотором 电机内装插入式混凝土振动器

28

(续表)

Группа/组	Тип/型	Продукт/产品
бетонный вибратор 混凝土振动器	внешний вибрационный вибратор 外部振动式振动器	плоский бетонный вибратор 平板式混凝土振动器
		прикрепленный бетонный вибратор 附着式混凝土振动器
		однонаправленный вибрирующий прикрепленный бетонный вибратор 单向振动附着式混凝土振动器
вибростол для бетона 混凝土振动台	вибростол для бетона 混凝土振动台	вибростол для бетона 混凝土振动台
сыпучий цементовоз с пневматической разгрузкой 气卸散装水泥运输车	сыпучий цементовоз с пневматической разгрузкой 气卸散装水泥运输车	сыпучий цементовоз с пневматической разгрузкой 气卸散装水泥运输车
станция по очистке и переработке бетона 混凝土清洗回收站	станция по очистке и переработке бетона 混凝土清洗回收站	станция по очистке и переработке бетона 混凝土清洗回收站
бетонный завод 混凝土配料站	бетонный завод 混凝土配料站	бетонный завод 混凝土配料站
другая бетонная техника 其他混凝土机械		

8 проходческая техника 掘进机械

Группа/组	Тип/型	Продукт/产品
буровая туннельная проходческая машина 全断面隧道掘进机	проходческий щит 盾构机	проходческий щит с компесацией давления горных пород 土压平衡式盾构机
		проходческий щит с грязевым балансом 泥水平衡式盾构机
		шламовый проходческий щит 泥浆式盾构机
		грязевой проходческий щит 泥水式盾构机

29

(续表)

Группа/组	Тип/型	Продукт/产品
буровая туннельная проходческая машина 全断面隧道掘进机	проходческий щит 盾构机	проходческий щит по специальной форме 异型盾构机
	проходчик для хард-рок 硬岩掘进机	проходчик для хард-рок 硬岩掘进机
	комбинированный проходчик 组合式掘进机	комбинированный проходчик 组合式掘进机
бестраншейное оборудовани 非开挖设备	горизонтально-направленный дрель 水平定向钻	горизонтально-направленный дрель 水平定向钻
	машина для продавливания трубопроводов 顶管机	машина для продавливания трубопроводов с компесацией давления горных пород 土压平衡式顶管机
		машина для продавливания трубопроводов с грязевым балансом 泥水平衡式顶管机
		машина для продавливания трубопроводов с грязевой передачей 泥水输送式顶管机
проходческая машина выработки 巷道掘进机	проходческая машина консольного типа 悬臂式岩巷掘进机	проходческая машина консольного типа 悬臂式岩巷掘进机
другаяпроходческая машина 其他掘进机械		

9 сваебойная техника 桩工机械

Группа/组	Тип/型	Продукт/产品
дизельный сваебойный молот 柴油打桩锤	трубчатый сваебойный молот 筒式打桩锤	трубчатый дизельный сваебойный молот с водяным охлаждением 水冷筒式柴油打桩锤
		трубчатый дизельный сваебойный молот с воздушным охлаждением 风冷筒式柴油打桩锤

(续表)

Группа/组	Тип/型	Продукт/产品
дизельный сваебойный молот 柴油打桩锤	сваебойный молот типа направляющей штанги 导杆式打桩锤	дизельный сваебойный молот типа направляющей штанги 导杆式柴油打桩锤
гидравлический сваебойный молот 液压锤	гидравлический сваебойный молот 液压锤	гидравлический сваебойный молот 液压打桩锤
вибрационный с ваебойный молот 振动桩锤	механический вибрационный с ваебойный молот 机械式桩锤	обыкновенный вибрационный сваебойный молот 普通振动桩锤
		вибрирующий сваебойный молот с моментом регулируемого эксцентрика 变矩振动桩锤
		вибрирующий сваебойный молот с частотой регулируемого эксцентрика 变频振动桩锤
		вибрирующий сваебойный молот с моментом частоты регулируемого эксцентрика 变矩变频振动桩锤
	гидравлический вибрационный с ваебойный молот с мотором 液压马达式桩锤	гидравлический вибрационный сваебойный молот с мотором 液压马达式振动桩锤
	гидравлический вибрационный с ваебойный молот 液压式桩锤	гидравлический вибрационный сваебойный молот 液压振动锤
свайная рама 桩架	трубчатая свайная рама 走管式桩架	трубчатая свайная рама дизельного сваебойного молота 走管式柴油打桩架
	рельсовая свайная рама 轨道式桩架	рельсовый каркас сваи дизельного сваебойного молота 轨道式柴油锤打桩架
	гусеничная свайная рама 履带式桩架	гусеничная свайная рама дизельного сваебойного молота в трехточечной опоре 履带三支点式柴油锤打桩架
	свайная рама прогулочного типа 步履式桩架	свайная рама прогулочного типа 步履式桩架

31

Группа/组	Тип/型	Продукт/产品
свайная рама 桩架	подвесная свайная рама 悬挂式桩架	гусеничная подвесная свайная рама дизельного сваебойного молота 履带悬挂式柴油锤桩架
копровая установка 压桩机	механическая копровая установка 机械式压桩机	механическая копровая установка 机械式压桩机
	гидравлическая копровая установка 液压式压桩机	гидравлическая копровая установка 液压式压桩机
буровая машина 成孔机	спиральная буровая машина 螺旋式成孔机	длинная спиральная буровая машина 长螺旋钻孔机
		экструзионная длинная спиральная буровая машина 挤压式长螺旋钻孔机
		телескопическая длинная спиральная буровая машина 套管式长螺旋钻孔机
		короткая спиральная буровая машина 短螺旋钻孔机
	погружная буровая машина 潜水式成孔机	погружная буровая машина 潜水钻孔机
	буровая машина с положительной и отрицательной ротацией 正反回转式成孔机	роторная буровая машина 转盘式钻孔机
		буровая машина с верхним приводом 动力头式钻孔机
	буровая машина с пробиванием и захватом 冲抓式成孔机	буровая машина с пробиванием и захватом 冲抓成孔机
	буровая машина с обсадной трубой 全套管式成孔机	буровая машина с обсадной трубой 全套管钻孔机
	буровая машина с болтом 锚杆式成孔机	буровая машина с болтом 锚杆钻孔机
	прогулочная буровая машина 步履式成孔机	прогулочная спиральная буровая машина 步履式旋挖钻孔机

Группа/组	Тип/型	Продукт/产品
буровая машина 成孔机	гусеничная буровая машина 履带式成孔机	гусеничная спиральная буровая машина 履带式旋挖钻孔机
	буровая машина на автомобиле 车载式成孔机	спиральная буровая машина на автомобиле 车载式旋挖钻孔机
	многоосевая буровая машина 多轴式成孔机	многоосевая буровая машина 多轴钻孔机
подземная долбежная машина 地下连续墙 成槽机	долбежная машина с проволочным канатом 钢丝绳式成槽机	механический захват 机械式连续墙抓斗
	долбежная машина с направляющая штанга 导杆式成槽机	гидравлический захват 液压式连续墙抓斗
	долбежная машина с полунаправляющая штанга 半导杆式成槽机	гидравлический захват 液压式连续墙抓斗
	фрезерная долбежная машина 铣削式成槽机	двухколесная фрезерная долбежная машина 双轮铣成槽机
	перемешивающ ая долбежная машина 搅拌式成槽机	двухколесная перемешивающая долбежная машина 双轮搅拌机
	погружная долбежная машина 潜水式成槽机	погружная вертикальная многоосевая долбежная машина 潜水式垂直多轴成槽机
сваебойная машина с бабой 落锤打桩机	механическая сваебойная машина 机械式打桩机	механическая сваебойная машина с бабой 机械式落锤打桩机
	сваебойная машина типа франк 法兰克式打桩机	сваебойная машина типа франк 法兰克式打桩机
машина для уплотнения мягких грунтов 软地基加固机械	вибрационная машина консолидации 振冲式加固机械	гидравлический вибратор 水冲式振冲器
		сухой вибратор 干式振冲器
	штепсельная ма шина консолидации 插板式加固机械	штепсельная сваебойная машина 插板桩机

Группа/组	Тип/型	Продукт/产品
машина для уплотнения мягких грунтов 软地基加固机械	машина консоли дации для динамического уплотнения 强夯式加固机械	машина динамического уплотнения 强夯机
	вибрационная машина консолидации 振动式加固机械	песчаная сваебойная машина 砂桩机
	машина консолидации типа роторного распыления 旋喷式加固机械	машина для уплотнения мягких грунтов с роторным распылением 旋喷式软地基加固机
	машина консолидации типа затирки с глубоким струйным смешиванием 注浆式深层搅拌式加固机械	одноосевая сваебойная машина типа затирки с глубоким струйным смешиванием 单轴注浆式深层搅拌机
		многоосевая сваебойная машина типа затирки с глубоким струйным смешиванием 多轴注浆式深层搅拌机
	машина консолидации типа впрыскивания порошка с глубоким струйным смешиванием 粉体喷射式深层搅拌式加固机械	одноосевая сваебойная машина типа впрыскивания порошка с глубоким струйным смешиванием 单轴粉体喷射式深层搅拌机
		многоосевая сваебойная машина типа впрыскивания порошка с глубоким струйным смешиванием 多轴粉体喷射式深层搅拌机
пробоотборник почвы 取土器	толстостенный пробоотборник почвы 厚壁取土器	толстостенный пробоотборник почвы 厚壁取土器
	открытый тонкостенный пробоотборник почвы 敞口薄壁取土器	открытый тонкостенный пробоотборник почвы 敞口薄壁取土器
	тонкостенный пробоотборник почвы с свободным поршнем 自由活塞薄壁取土器	тонкостенный пробоотборник почвы с свободным поршнем 自由活塞薄壁取土器

34

(续表)

Группа/组	Тип/型	Продукт/产品
пробоотборник почвы 取土器	тонкостенный пробоотборник почвы с фиксированным поршнем 固定活塞薄壁取土器	тонкостенный пробоотборник почвы с фиксированным поршнем 固定活塞薄壁取土器
	тонкостенный пробоотборник почвы с фиксированным давлением воды 水压固定薄壁取土器	тонкостенный пробоотборник почвы с фиксированным давлением воды 水压固定薄壁取土器
	пробоотборник почвы 束节式取土器	пробоотборник почвы 束节式取土器
	пробоотборник лесса 黄土取土器	пробоотборник лесса 黄土取土器
	трехтрубный роторный пробоотборник почвы 三重管回转式取土器	роторный пробоотборник почвы тройной трубы одностороннего действия 三重管单动回转取土器
		роторный пробоотборник почвы тройной трубы двойного действия 三重管双动回转取土器
	пробоотборник песка 取砂器	оригинальный пробоотборник песка 原状取沙器
другая сваебойная техника 其他桩工机械		

10 коммунальная и санитарная техника
市政与环卫机械

Группа/组	Тип/型	Продукт/产品
санитарная техника 环卫机械	механическая щётка 扫路车(机)	механическая щётка 扫路车
		механическая щётка 扫路机
	вакуумная уборочная машина 吸尘车	вакуумная уборочная машина 吸尘车

35

(续表)

Группа/组	Тип/型	Продукт/产品
санитарная техника 环卫机械	машина для размывания 洗扫车	машина для размывания 洗扫车
	цистерна очистки 清洗车	цистерна очистки 清洗车
		цистерна очистки ограждения 护栏清洗车
		цистерна очистки стены 洗墙车
	разбрызгиватель, спринклер 洒水车	разбрызгиватель 洒水车
		спринклер очистки 清洗洒水车
		спринклер деревьев 绿化喷洒车
	фекальная всасывающая тележка 吸粪车	фекальная всасывающая тележка 吸粪车
	туалетная машина 厕所车	туалетная машина 厕所车
	мусоровоз 垃圾车	компрессионный мусоровоз 压缩式垃圾车
		самосвальный мусоровоз 自卸式垃圾车
		мусоросборник 垃圾收集车
		самосвальный мусоросборник 自卸式垃圾收集车
		трехколесный мусоросборник 三轮垃圾收集车
		самозагружающийся мусоровоз 自装卸式垃圾车
		мусоровоз с поворотными кронштейнами 摆臂式垃圾车
		съмный мусоровоз 车厢可卸式垃圾车
		мусоровоз с сортировкой 分类垃圾车

36

Группа/组	Тип/型	Продукт/产品
санитарная техника 环卫机械	мусоровоз 垃圾车	компрессионный мусоровоз с сортировкой 压缩式分类垃圾车
		автомобиль для перевозки мусора 垃圾转运车
		бочковый мусоровоз 桶装垃圾运输车
		кухонный мусоровоз 餐厨垃圾车
		медицинский мусоровоз 医疗垃圾车
	установка для обработки отходов 垃圾处理设备	мусороуборочный компрессор 垃圾压缩机
		гусеничный мусороуборочный бульдозер 履带式垃圾推土机
		гусеничный мусорный экскаватор 履带式垃圾挖掘机
		машина для очистки выщелоченных сточных вод 垃圾渗滤液处理车
		оборудование для перевоза отходов 垃圾中转站设备
		машина для сортировки отходов 垃圾分拣机
		мусоросжигатель 垃圾焚烧炉
		мусорная дробилка 垃圾破碎机
		оборудование для компостирования отходов 垃圾堆肥设备
		оборудование для захоронения отходов 垃圾填埋设备
коммунальная техника 市政机械	дноочистительная канализационная техника 管道疏通机械	всасывающая машина 吸污车
		очищающая всасывающая машина 清洗吸污车

Группа/组	Тип/型	Продукт/产品
коммуналь- ная техника 市政机械	дноочистительная канализационная техника 管道疏通机械	канализационная комплексная обслуживающая машина 下水道综合养护车
		дноочистительная канализационная машина 下水道疏通车
		канализационная дноуглубительная и очистная машина 下水道疏通清洗车
		копательная машина 掏挖车
		оборудование для канализационного ремонта и осмотра 下水道检查修补设备
		грузови кдля осадка 污泥运输车
	оборудование для встраивания электрических столбов 电杆埋架机械	оборудование для встраивания электрических столбов 电杆埋架机械
	трубоукладчик 管道铺设机械	трубоукладчик 铺管机
оборудование для парковки и автомойки 停车洗车设备	парковочное оборудование с вертикальной циркуляцией 垂直循环式停车 设备	парковочное оборудование с нижним доступом с вертикальной циркуляцией 垂直循环式下部出入式停车设备
		парковочное оборудование с центральным доступом с вертикальной циркуляцией 垂直循环式中部出入式停车设备
		парковочное оборудование с верхним доступомс вертикальной циркуляцией 垂直循环式上部出入式停车设备
	многослойное циркуляционное парковочное оборудование 多层循环式停车 设备	многослойное круговое циркуляционное парковочное оборудование 多层圆形循环式停车设备
		многослойное прямоугольное циркуляционное парковочное оборудование 多层矩形循环式停车设备

(续表)

Группа/组	Тип/型	Продукт/产品
оборудование для парковки и автомойки 停车洗车设备	горизонтальное циркуляционное парковочное оборудование 水平循环式停车设备	горизонтальное круговое циркуляционное парковочное оборудование 水平圆形循环式停车设备
		горизонтальное прямоугольное циркуляционное парковочное оборудование 水平矩形循环式停车设备
	лифтовое парковочное оборудование 升降机式停车设备	лифтовое вертикальное парковочное оборудование 升降机纵置式停车设备
		лифтовое горизонтальное парковочное оборудование 升降机横置式停车设备
		лифтовое круговое парковочное оборудование 升降机圆置式停车设备
	лифтовое мобильное парковочное оборудование 升降移动式停车设备	лифтовое мобильное вертикальное парковочное оборудование 升降移动纵置式停车设备
		лифтовое мобильное горизонтальное парковочное оборудование 升降移动横置式停车设备
	плоское возвратно-поступательное парковочное оборудование 平面往复式停车设备	плоское возвратно-поступательное перевозимое парковочное оборудование 平面往复搬运式停车设备
		плоское возвратно-поступательное приемное парковочное оборудование 平面往复搬运收容式停车设备
	двухэтажное парковочное оборудование 两层式停车设备	двухэтажное лифтовое парковочное оборудование 两层升降式停车设备
		двухэтажное подъемно-поперечное парковочное оборудование 两层升降横移式停车设备
	многоэтажное парковочное оборудование 多层式停车设备	многоэтажное лифтовое парковочное оборудование 多层升降式停车设备
		многоэтажное подъемно-поперечное парковочное оборудование 多层升降横移式停车设备

Группа/组	Тип/型	Продукт/产品
оборудование для парковки и автомойки 停车洗车设备	автомобильное парковочное оборудование с поворотным диском 汽车用回转盘停车设备	вращательное автомобильное парковочное оборудование с поворотным диском 旋转式汽车用回转盘
		вращательно-подвижное автомобильное парковочное оборудование с поворотным диском 旋转移动式汽车用回转盘
	автомобильное лифтовое парковочное оборудование 汽车用升降机停车设备	автомобильный лифт 升降式汽车用升降机
		подъемно-поворотный автомобильный лифт 升降回转式汽车用升降机
		подъемно-раздвижной автомобильный лифт 升降横移式汽车用升降机
	парковочное оборудование с вращающейся платформой 旋转平台停车设备	вращающаяся платформа 旋转平台
	автомойка 洗车场机械设备	автомойка 洗车场机械设备
садоводческая техника 园林机械	землеройная машина для пересадки деревьев 植树挖穴机	самоходная землеройная машина для пересадки деревьев 自行式植树挖穴机
		ручная землеройная машина для пересадки деревьев 手扶式植树挖穴机
	машина для посадки деревьев 树木移植机	самоходная машина для посадки деревьев 自行式树木移植机
		буксируемая машина для посадки деревьев 牵引式树木移植机
		подвесная машина для посадки деревьев 悬挂式树木移植机
	машина для перевозки деревьев 运树机	многоковшовая буксируемая машина для перевозки деревьев 多斗拖挂式运树机

Группа/组	Тип/型	Продукт/产品
садоводческая техника 园林机械	многоцелевой спринклер деревьев 绿化喷洒多用车	многоцелевой спринклер деревьев с гидравлическим напылением 液力喷雾式绿化喷洒多用车
	газонокосилка 剪草机	ручная роторная газонокосилка 手推式旋刀剪草机
		буксируемая газонокосилка с фрезером 拖挂式滚刀剪草机
		покатаемая газонокосилка с фрезером 乘座式滚刀剪草机
		самоходная газонокосилка с фрезером 自行式滚刀剪草机
		ручная газонокосилка с фрезером 手推式滚刀剪草机
		самоходная поршневая газонокосилка 自行式往复剪草机
		ручная поршневая газонокосилка 手推式往复剪草机
		газонокосилка цепного типа 甩刀式剪草机
		газонокосилка на воздушной подушке 气垫式剪草机
рекреационное оборудование 娱乐设备	автомобильное развлекательное оборудование 车式娱乐设备	гоночный автомобиль 小赛车
		автомобиль бампера 碰碰车
		колесо обозрения 观览车
		аккумуляторный автомобиль 电瓶车
		экскурсионный автомобиль 观光车
	водно-развлекательное оборудование 水上娱乐设备	аккумуляторная лодка 电瓶船
		водный велосипед 脚踏船
		бамперная лодка 碰碰船

41

Группа/组	Тип/型	Продукт/产品
рекреационное оборудование 娱乐设备	водно-развлекательное оборудование 水上娱乐设备	проточная храбрая лодка 激流勇进船
		водная яхта 水上游艇
	наземное развлекательное оборудование 地面娱乐设备	развлекательная машина 游艺机
		батут 蹦床
		веселая карусель 转马
		идти как ветер 风驰电掣
	воздушно-развлекательное оборудование 腾空娱乐设备	вращающийся самолет с управлением 旋转自控飞机
		лунная ракета 登月火箭
		воздушное вращающееся кресло 空中转椅
		космическое путешествие 宇宙旅行
	другое развлекательное оборудование 其他娱乐设备	другое развлекательное оборудование 其他娱乐设备
другая коммунальная и санитарная техника 其他市政与环卫机械		

11 оборудование для изготовления бетонных изделий
混凝土制品机械

Группа/组	Тип/型	Продукт/产品
машина для изготовления бетонных блоков 混凝土砌块成型机	мобильная 移动式	мобильная машина для изготовления бетонных блоков с гидравлическим стриппperованием 移动式液压脱模混凝土砌块成型机

42

Группа/组	Тип/型	Продукт/产品
машина для изготовления бетонных блоков 混凝土砌块成型机	мобильная 移动式	мобильная машина для изготовления бетонных блоков смеханическим стриппированием 移动式机械脱模混凝土砌块成型机
		мобильная машина для изготовления бетонных блоков сручным стриппированием 移动式人工脱模混凝土砌块成型机
	фиксированнная 固定式	фиксированнная машина для изготовления бетонных блоков с вибрационным гидравлическим стриппированием 固定式模振液压脱模混凝土砌块成型机
		фиксированнная машина для изготовления бетонных блоков с вибрационныммеханическим стриппированием 固定式模振机械脱模混凝土砌块成型机
		фиксированнная машина для изготовления бетонных блоков с вибрационнымручным стриппированием 固定式模振人工脱模混凝土砌块成型机
		фиксированнная машина для изготовления бетонных блоков с гидравлическим стриппированием вибрация скамьи 固定式台振液压脱模混凝土砌块成型机
		фиксированнная машина для изготовления бетонных блоков с механическим стриппированием вибрация скамьи 固定式台振机械脱模混凝土砌块成型机
		фиксированнная машина для изготовления бетонных блоков с ручным стриппированием вибрация скамьи 固定式台振人工脱模混凝土砌块成型机

43

(续表)

Группа/组	Тип/型	Продукт/产品
машина для изготовления бетонных блоков 混凝土砌块成型机	ламинированная 叠层式	ламинированная машина для изготовления бетонных блоков 叠层式混凝土砌块成型机
	с слоистым заполнением 分层布料式	машина для изготовления бетонных блоков с слоистым заполнением 分层布料式混凝土砌块成型机
комплект оборудования для изготовления бетонных блоков 混凝土砌块生产成套设备	полный автоматический 全自动	полный автоматический комплект оборудования для изготовления бетонных блоков с вибрацией скамьи 全自动台振混凝土砌块生产线
		полный автоматический комплект оборудования для изготовления бетонных блоков с вибрацией формы 全自动模振混凝土砌块生产线
	полуавтоматический 半自动	полуавтоматический комплект оборудования для изготовления бетонных блоков с вибрацией скамьи 半自动台振混凝土砌块生产线
		полуавтоматический комплект оборудования для изготовления бетонных блоков с вибрациейформы 半自动模振混凝土砌块生产线
	простой тип 简易式	простой комплект оборудования для изготовления бетонных блоков с вибрацией скамьи 简易台振混凝土砌块生产线
		простой комплект оборудования для изготовления бетонных блоков с вибрациейформы 简易模振混凝土砌块生产线
комплект оборудования для изготовления газобетонных блоков 加气混凝土砌块成套设备	комплек тоборудования для изготовления газобетонных блоков 加气混凝土砌块设备	комплект оборудования для изготовления газобетонных блоков 加气混凝土砌块生产线
комплект оборудования для изготовления пенобетонных блоков 泡沫混凝土砌块成套设备	комплект оборудования для изготовления пенобетонных блоков 泡沫混凝土砌块设备	комплект оборудования для изготовления пенобетонных блоков 泡沫混凝土砌块生产线

(续表)

Группа/组	Тип/型	Продукт/产品
машина для производства полых бетонных плит 混凝土空心板成型机	шнековая 挤压式	шнековый экструдер наружного вибрационного типа для производства одиночной бетонной полой плиты 外振式单块混凝土空心板挤压成型机
		шнековый экструдер наружного вибрационного типа для производства двойной бетонной полой плиты 外振式双块混凝土空心板挤压成型机
		шнековый экструдер для производства одиночной бетонной полой плиты с внутренней вибрацией 内振式单块混凝土空心板挤压成型机
		шнековый экструдер для производства двойной бетонной полой плиты с внутренней вибрацией 内振式双块混凝土空心板挤压成型机
	толкающая 推压式	толкающий экструдер наружного вибрационного типа для производства одиночной бетонной полой плиты 外振式单块混凝土空心板推压成型机
		толкающий экструдер для производства двойной бетонной полой плиты с внешней вибрацией 外振式双块混凝土空心板推压成型机
		толкающий экструдер для производства одиночной бетонной полой плиты с внутренней вибрацией 内振式单块混凝土空心板推压成型机
		толкающий экструдер для производства двойной бетонной полой плиты с внутренней вибрацией 内振式双块混凝土空心板推压成型机
	тянущая 拉模式	самоходный тянущий формовщик для производства бетонной полой плиты с внешней вибрацией 自行式外振混凝土空心板拉模成型机
		буксируемый тянущий формовщик для производства бетонной полой плиты с внешней вибрацией 牵引式外振混凝土空心板拉模成型机

45

Группа/组	Тип/型	Продукт/产品
машина для производства полых бетонных плит 混凝土空心板成型机	тянущая 拉模式	самоходный тянущий формовщик для производства бетонной полой плиты с внутренней вибрацией 自行式内振混凝土空心板拉模成型机
		буксируемый тянущий формовщик для производства бетонной полой плиты с внутренней вибрацией 牵引式内振混凝土空心板拉模成型机
машина для формовки бетонной конструкции 混凝土构件成型机	машина для формовки бетонной конструкции с вибростолом 振动台式成型机	машина для формовки бетонной конструкции с электрическим вибростолом 电动振动台式混凝土构件成型机
		машина для формовки бетонной конструкции с пневматическим вибростолом 气动振动台式混凝土构件成型机
		машина для формовки бетонной конструкции с безскамеечным вибростолом 无台架振动台式混凝土构件成型机
		машина для формовки бетонной конструкции с горизонтально-направленным вибростолом 水平定向振动台式混凝土构件成型机
		машина для формовки бетонной конструкции с ударным вибростолом 冲击振动台式混凝土构件成型机
		машина для формовки бетонной конструкции с вибростолом импульса ролика 滚轮脉冲振动台式混凝土构件成型机
		машина для формовки бетонной конструкции с сегментированным комбинированным вибростолом 分段组合振动台式混凝土构件成型机
	машина для формовки бетонной конструкции споворотным диском 盘转压制式成型机	машина для формовки бетонной конструкции с поворотным диском 混凝土构件盘转压制成型机

Группа/组	Тип/型	Продукт/产品
машина для формовки бетонной конст-рукции 混凝土构件成型机	машина для формовки бетонной конструкции с рычагом 杠杆压制式成型机	машина для формовки бетонной конструкции с рычагом 混凝土构件杠杆压制成型机
	тип постамента длинной линни 长线台座式	комплект оборудования для формовки бетонной конструкции с постаментом длинной линни 长线台座式混凝土构件生产成套设备
	тип совместного действия плоской формы 平模联动式	комплект оборудования для формовки бетонной конструкции с совместным действием плоской формы 平模联动式混凝土构件生产成套设备
	тип совместного действия блока 机组联动式	комплект оборудования для формовки бетонной конструкции с совместным действием блока 机组联动式混凝土构件生产成套设备
машина для отливки бетонных труб 混凝土管成型机	центробежный тип 离心式	роликовая центробежная машина для отливки бетонных труб 滚轮离心式混凝土管成型机
		центробежная машина для отливки бетонных труб с токарным станком 车床离心式混凝土管成型机
	шнековый тип 挤压式	шнековая машина для отливки бетонных труб с подвесным роллом 悬辊式挤压混凝土管成型机
		вертикальная шнековая машина для отливки бетонных труб 立式挤压混凝土管成型机
		вертикальная вибрационная шнековая машина для отливки бетонных труб 立式振动挤压混凝土管成型机
машина для производства цементной плитки 水泥瓦成型机	машина для производства цементной плитки 水泥瓦成型机	машина для производства цементной плитки 水泥瓦成型机
машина для производства стеновой панели 墙板成型设备	машина для производства стеновой панели 墙板成型机	машина для производства стеновой панели 墙板成型机

Группа/组	Тип/型	Продукт/产品
машина для ремонта бетонных деталей 混凝土构件修整机	вакуумное всасывающее устройство 真空吸水装置	устройство для вакуумного всасывания бетона 混凝土真空吸水装置
	резчик 切割机	ручной резчик неармированного бетона 手扶式混凝土切割机
		самоходный резчик неармированного бетона 自行式混凝土切割机
	полировщик поверхности 表面抹光机	ручной полировщик бетоноповерхности 手扶式混凝土表面抹光机
		самоходный полировщик бетоноповерхности 自行式混凝土表面抹光机
	шлифовальный станок 磨口机	шлифовальный станокдля бетонных труб 混凝土管件磨口机
опалубка и вспомогательное оборудование 模板及配件机械	прокатный стан для стальной опалубки 钢模板轧机	непрерывный прокатный стан для стальной опалубки 钢模版连轧机
		ребристый прокатный стан для стальной опалубки 钢模板凸棱轧机
	машина для очистки стальных форм 钢模板清理机	машина для очистки стальных форм 钢模板清理机
	машина для калибровки стальной опалубки 钢模板校形机	многофункциональная калибровочная машина для стальной опалубки 钢模板多功能校形机
	стальные опалубочные аксессуары 钢模板配件	машина для формования U-образногозажимастальной опалубки 钢模板 U 形卡成型机
		машина для выпрямления стальной трубы стальной опалубки 钢模板钢管校直机
другое оборудование для изготовления бетонных изделий 其他混凝土制品机械		

48

12 техника для выполненияавиационных работ 高空作业机械

Группа/组	Тип/型	Продукт/产品
автовышка 高空作业车	обычная автовышка 普通型高空作业车	телескопическая автовышка 伸臂式高空作业车
		автовышка с складной стрелой 折叠臂式高空作业车
		вертикальная подъемная автовышка 垂直升降式高空作业车
		гибридная автовышка 混合式高空作业车
	автовышка для обрезкивысокого дерева 高树剪枝车	автовышка для обрезкивысокого дерева 高树剪枝车
		буксируемая автовышка для обрезкивысокого дерева 拖式高空剪枝车
	изолированная автовышка 高空绝缘车	изолированная автовышка с стрелой 高空绝缘斗臂车
		буксируемая изолированная автовышка 拖式高空绝缘车
	автомобиль для обследования мостов 桥梁检修设备	автомобиль для обследования мостов 桥梁检修车
		буксируемая платформа для обследования мостов 拖式桥梁检修平台
	автовышка для фотографии 高空摄影车	автовышка для фотографии 高空摄影车
	автомобиль для авиационного наземного обслуживания 航空地面支持车	автомобиль для авиационного наземного обеспечения с подъемником 航空地面支持用升降车
	автомобиль для антиобледенени- ясамолета 飞机除冰防冰车	автомобиль для антиобледенениясамолета 飞机除冰防冰车
	пожарно-спасательная машина 消防救援车	воздушная пожарно-спасательная машина 高空消防救援车

49

Группа/组	Тип/型	Продукт/产品
платформа верхолазной работы 高空作业平台	платформа верхолазной работы с ножничным подъемником 剪叉式高空作业平台	стационарная платформа верхолазной работы с ножничным подъемником 固定剪叉式高空作业平台
		мобильная платформа верхолазной работы с ножничным подъемником 移动剪叉式高空作业平台
		самоходная платформа верхолазной работы с ножничным подъемником 自行剪叉式高空作业平台
	платформа верхолазной работы с стрелой 臂架式高空作业平台	стационарная платформа верхолазной работы с стрелой 固定臂架式高空作业平台
		мобильная платформа верхолазной работы с стрелой 移动臂架式高空作业平台
		самоходная платформа верхолазной работы с стрелой 自行臂架式高空作业平台
	платформа верхолазной работы с телескопическим цилиндром 套筒油缸式高空作业平台	стационарная платформа верхолазной работы с телескопическим цилиндром 固定套筒油缸式高空作业平台
		мобильная платформа верхолазной работы с телескопическим цилиндром 移动套筒油缸式高空作业平台
		самоходная платформа верхолазной работы с телескопическим цилиндром 自行套筒油缸式高空作业平台
	мачтовая платформа верхолазной работы 桅柱式高空作业平台	стационарная мачтовая платформа верхолазной работы 固定桅柱式高空作业平台
		мобильная мачтовая платформа верхолазной работы 移动桅柱式高空作业平台
		самоходная мачтовая платформа верхолазной работы 自行桅柱式高空作业平台
	платформа верхолазной работы с направляющей рамой 导架式高空作业平台	стационарная платформа верхолазной работы с направляющей рамой 固定导架式高空作业平台

(续表)

Группа/组	Тип/型	Продукт/产品
платформа верхолазной работы 高空作业平台	платформа верхолазной работы с направляющей рамой 导架式高空作业平台	мобильная платформа верхолазной работы с направляющей рамой 移动导架式高空作业平台
		самоходная платформа верхолазной работы с направляющей рамой 自行导架式高空作业平台
другая техника для выполнения авиационных работ 其他高空作业机械		

13　отделочная машина 装修机械

Группа/组	Тип/型	Продукт/产品
оборудование для приготовления и распыления раствора 砂浆制备及喷涂机械	просеиватель песка 筛砂机	электрический просеиватель песка 电动式筛砂机
	растворосмеситель 砂浆搅拌机	растворосмеситель с горизонтальной осью 卧轴式灰浆搅拌机
		растворосмеситель с вертикальной осью 立轴式灰浆搅拌机
		растворосмеситель с вращающимся цилиндром 筒转式灰浆搅拌机
	перекачка раствора 砂浆输送泵	плунжерная одноцилиндровая перекачка раствора 柱塞式单缸灰浆泵
		плунжерная двухцилиндровая перекачка раствора 柱塞式双缸灰浆泵
		мембранная перекачка раствора 隔膜式灰浆泵
		пневматическая перекачка раствора 气动式灰浆泵
		экструзионная перекачка раствора 挤压式灰浆泵
		винтовая перекачка раствора 螺杆式灰浆泵

51

Группа/组	Тип/型	Продукт/产品
оборудование для приготовления и распыления раствора 砂浆制备及喷涂机械	комбинированная машина для раствора 砂浆联合机	комбинированная машина для раствора 灰浆联合机
	установка для обработки известковой водой 淋灰机	установка для обработки известковой водой 淋灰机
	верёвочный смешивающий аппарат 麻刀灰拌和机	верёвочный смешивающий аппарат 麻刀灰拌和机
красораспылитель 涂料喷刷机械	заплаточный насос 喷浆泵	заплаточный насос 喷浆泵
	безвоздушный красораспылитель 无气喷涂机	пневматический безвоздушный красораспылитель 气动式无气喷涂机
		электрический безвоздушный красораспылитель 电动式无气喷涂机
		безвоздушный красораспылитель с внутренним сгоранием 内燃式无气喷涂机
		безвоздушный красораспылитель с высоким давлением 高压无气喷涂机
	воздушный красораспылитель 有气喷涂机	воздушный красораспылитель спускового типа 抽气式有气喷涂机
		воздушный красораспылитель вытяжного типа 自落式有气喷涂机
	пластиковый распылитель 喷塑机	пластиковый распылитель 喷塑机
	гипсовый распылитель 石膏喷涂机	гипсовый распылитель 石膏喷涂机
оборудование для подготовки и распыления краски 油漆制备及喷涂机械	краскораспылитель 油漆喷涂机	краскораспылитель 油漆喷涂机
	краскосмеситель 油漆搅拌机	краскосмеситель 油漆搅拌机

Группа/组	Тип/型	Продукт/产品
машина для отделки пола 地面修整机械	шлифовка поверхности 地面抹光机	шлифовка поверхности 地面抹光机
	циклевочная машина 地板磨光机	циклевочная машина 地板磨光机
	циклевочная машина дляплинтуса 踢脚线磨光机	циклевочная машина дляплинтуса 踢脚线磨光机
	наземная бетоношлифовальная машина 地面水磨石机	однодисковая наземная бетоношлифовальная машина 单盘水磨石机
		двоедисковая наземная бетоношлифовальная машина 双盘水磨石机
		алмазнаяназемная бетоношлифовальная машина 金刚石地面水磨石机
	строгальный станок половых досок 地板刨平机	строгальный станок половых досок 地板刨平机
	установка для нанесения воска 打蜡机	установка для нанесения воска 打蜡机
	землеочистительная машина 地面清除机	землеочистительная машина 地面清除机
	резчик половой плитки 地板砖切割机	резчик половой плитки 地板砖切割机
машина для отделки крыш 屋面装修机械	асфальтоукладчик 涂沥青机	асфальтоукладчик для крыш 屋面涂沥青机
	войлокоукладчик 铺毡机	войлокоукладчик для крыш 屋面铺毡机
подвесная корзина верхолазной работы 高处作业吊篮	ручная подвесная корзина верхолазной работы 手动式高处作业吊篮	ручная подвесная корзина верхолазной работы 手动式高处作业吊篮
	пневматическая под-весная корзина верхолазной работы 气动式高处作业吊篮	пневматическая подвесная корзина верхолазной работы 气动高处作业吊篮

Группа/组	Тип/型	Продукт/产品
подвесная корзина верхолазной работы 高处作业吊篮	электрическая подвесная корзина верхолазной работы 电动式高处作业吊篮	электрическая подвесная корзина верхолазной работы с скалолазной веревкой 电动爬绳式高处作业吊篮
		электрическая подвесная корзина верхолазной работы с лебедкой 电动卷扬式高处作业吊篮
надолго установленное оборудование с ограниченным доступом, окноочистительная машина 擦窗机	колесная окноочистительная машина 轮毂式擦窗机	колесная телескопическая окноочистительная машина с переменной амплитудой 轮毂式伸缩变幅擦窗机
		окноочистительная машина типа колесной тачки с переменной амплитудой 轮毂式小车变幅擦窗机
		колесная окноочистительная машина типа подвижной стрелы с переменной амплитудой 轮毂式动臂变幅擦窗机
	орбитальная окноочистительная машина на крыше 屋面轨道式擦窗机	окноочистительная машина типа телескопической стрелы с переменной амплитудой на крыше 屋面轨道式伸缩变幅擦窗机
		окноочистительная машина типа тачки с переменной амплитудой на крыше 屋面轨道式小车变幅擦窗机
		окноочистительная машина типа подвижной стрелы с переменной амплитудой на крыше 屋面轨道式动臂变幅擦窗机
	подвесная орбитальная окноочистительная машина 悬挂轨道式擦窗机	подвесная орбитальная окноочистительная машина 悬挂轨道式擦窗机
	вставная окноочистительная машина 插杆式擦窗机	вставная окноочистительная машина 插杆式擦窗机
	сдвижная окноочистительная машина 滑梯式擦窗机	сдвижная окноочистительная машина 滑梯式擦窗机

54

Группа/组	Тип/型	Продукт/产品
строительная отделочная машина 建筑装修机具	гвоздильный станок 射钉机	гвоздильный станок 射钉机
	скребок 铲刮机	электрический скребок 电动铲刮机
	каналокапатель 开槽机	бетонный каналокапатель 混凝土开槽机
	камнерезный станок 石材切割机	камнерезный станок 石材切割机
	резчик срезов 型材切割机	резчик срезов 型材切割机
	стрипперная машина 剥离机	стрипперная машина 剥离机
	угловая шлифовальная машина 角向磨光机	угловая шлифовальная машина 角向磨光机
	резчик неармированного бетона 混凝土切割机	резчик неармированного бетона 混凝土切割机
	машина, режущая шов бетона 混凝土切缝机	машина, режущая шов бетона 混凝土切缝机
	бетоносверлильный станок 混凝土钻孔机	бетоносверлильный станок 混凝土钻孔机
	бетоношлифовальная машина 水磨石磨光机	бетоношлифовальная машина 水磨石磨光机
	экскаватор 电镐	экскаватор 电镐
другая отделочная машина 其他装修机械	обойная машина 贴墙纸机	обойная машина 贴墙纸机
	спиральная камнерезн ая машина 螺旋洁石机	одиночная спиральнаякамнерезн аямашина 单螺旋洁石机
	пробойник 穿孔机	пробойник 穿孔机

55

（续表）

Группа/组	Тип/型	Продукт/产品
другая отделочная машина 其他装修机械	установка для нагнетания бетонораствора с трубой 孔道压浆机	установка для нагнетания бетонораствора с трубой 孔道压浆机器
	трубогибочный станок 弯管机	трубогибочный станок 弯管机
	резьбонарезной труборезный станок 管子套丝切断机	резьбонарезной труборезный станок 管子套丝切断机
	трубогибочный резьбонарезной станок 管材弯曲套丝机	трубогибочный резьбонарезной станок 管材弯曲套丝机
	скашивая машина 坡口机	электрическая скашивая машина 电动坡口机
	упругая окрасочная машина 弹涂机	электрическая упругая окрасочная машина 电动弹涂机
	прокатная окрасочная машина 滚涂机	электрическая прокатная окрасочная машина 电动滚涂机

14 усиленная техника для обработки арматурного стержня и техника для вытягивания предварительно напряжен-ного арматурного стержня 钢筋及预应力机械

Группа/组	Тип/型	Продукт/产品
техника для усиления арматурного стержня 钢筋强化机械	машина для вытягивания арматурного стержня в холодном состоянии 钢筋冷拉机	лебедочная машина для вытягивания арматурного стержня в холодном состоянии 卷扬机式钢筋冷拉机
		гидравлическая машина для вытягивания арматурного стержня в холодном состоянии 液压式钢筋冷拉机
		роликовая машина для вытягивания арматурного стержня в холодном состоянии 滚轮式钢筋冷拉机

（续表）

Группа/组	Тип/型	Продукт/产品
техника для усиления арматурного стержня 钢筋强化机械	машина для вытягивания арматурного стержня 钢筋冷拔机	вертикальная машина для вытягивания арматурного стержня 立式冷拔机
		горизонтальная машина для вытягивания арматурного стержня 卧式冷拔机
		тандем-машина для вытягивания арматурного стержня 串联式冷拔机
	машина для изготовления стальной проволоки и стержня холодного проката 冷轧带肋钢筋成型机	инициативная машина для изготовления стальной проволоки и стержня холодного проката 主动冷轧带肋钢筋成型机
		пассивная машина для изготовления стальной проволоки и стержня холодного проката 被动冷轧带肋钢筋成型机
	машина для изготовления скрученной стальной проволоки холодного проката 冷轧扭钢筋成型机	прямоугольная машина для изготовления скрученной стальной проволоки холодного проката 长方形冷轧扭钢筋成型机
		квадратная машина для изготовления скрученной стальной проволоки холодного проката 正方形冷轧扭钢筋成型机
	машина для изготовления витов при холодном волочении 冷拔螺旋钢筋成型机	квадратная машина для изготовления витов при холодномволочении 方形冷拔螺旋钢筋成型机
		круглая машина для изготовления витов при холодном волочении 圆形冷拔螺旋钢筋成型机
оборудование для формования арматурного стержня 单件钢筋成型机械	машина для резки арматурного стержня 钢筋切断机	ручная машина для резки арматурного стержня 手持式钢筋切断机
		горизонтальная машина для резки арматурного стержня 卧式钢筋切断机
		вертикальная машина для резки арматурного стержня 立式钢筋切断机

57

Группа/组	Тип/型	Продукт/产品
оборудование для формования арматурного стержня 单件钢筋成型机械	машина для резки арматурного стержня 钢筋切断机	машина для резки арматурного стержня с щековой ножницей 颚剪式钢筋切断机
	производственная линия резки арматурного стержня 钢筋切断生产线	производственная линия ножничной резки арматурного стержня 钢筋剪切生产线
		производственная линияпильной резки арматурного стержня 钢筋锯切生产线
	машина для правки и резки арматурного стержня 钢筋调直切断机	механическая машина для правки и резки арматурного стержня 机械式钢筋调直切断机
		гидравлическая машина для правки и резки арматурного стержня 液压式钢筋调直切断机
		пневматическая машина для правки и резки арматурного стержня 气动式钢筋调直切断机
	гибочный станок для арматурного стержня 钢筋弯曲机	механический гибочный станок для арматурного стержня 机械式钢筋弯曲机
		гидравлический гибочный станок для арматурного стержня 液压式钢筋弯曲机
	производственная линия для сгибания арматурного стержня 钢筋弯曲生产线	вертикальная производственная линия для сгибания арматурного стержня 立式钢筋弯曲生产线
		горизонтальная производственная линия для сгибания арматурного стержня 卧式钢筋弯曲生产线
	станок для загибки винтовых хомутов 钢筋弯弧机	механический станок для загибки винтовых хомутов 机械式钢筋弯弧机
		гидравлический станок для загибки винтовых хомутов 液压式钢筋弯弧机
	машина для гибки арматурных хомутов 钢筋弯箍机	машина для гибки арматурных хомутовс чпу 数控钢筋弯箍机

（续表）

Группа/组	Тип/型	Продукт/产品
оборудование для формования арматурного стержня 单件钢筋成型机械	машина для нарезки резьбы 钢筋螺纹成型机	машина для нарезки конической резьбы 钢筋锥螺纹成型机
		прокатный стан с резьбой для арматурного стержня 钢筋直螺纹成型机
	производственная линия для нарезки резьбы 钢筋螺纹生产线	производственная линия для нарезки резьбы 钢筋螺纹生产线
	высадочная машина для арматурного стержня 钢筋墩头机	высадочная машина для арматурного стержня 钢筋墩头机
оборудование для формования комбинированных арматурных стержней 组合钢筋成型机械	машина для изготовления арматурной сетки 钢筋网成型机	сварочная машина для изготовления арматурной сетки 钢筋网焊接成型机
	машина для изготовления клеток 钢筋笼成型机	ручная сварочная машина для изготовления клеток 手动焊接钢筋笼成型机
		автоматическая сварочная машина для изготовления клеток 自动焊接钢筋笼成型机
	машина для изготовления балок 钢筋桁架成型机	механическая машина для изготовления балок 机械式钢筋桁架成型机
		гидравлическая машина для изготовления балок 液压式钢筋桁架成型机
укрепление связи механизма 钢筋连接机械	стыковой сварщик для арматурного стержня 钢筋对焊机	механический стыковой сварщик для арматурного стержня 机械式钢筋对焊机
		гидравлический стыковой сварщик для арматурного стержня 液压式钢筋对焊机
	электрошлаковый напорный сварщик для арматурного стержня 钢筋电渣压力焊机	электрошлаковый напорный сварщик для арматурного стержня 钢筋电渣压力焊机

(续表)

Группа/组	Тип/型	Продукт/产品
укрепление связи механизма 钢筋连接机械	компрессорный сварщик для арматурного стержня 钢筋气压焊机	замкнутый компрессорный сварщик для арматурного стержня 闭合式气压焊机
		открытый компрессорный сварщик для арматурного стержня 敞开式气压焊机
	профильный пресс для арматурного стержня с стальной муфтой 钢筋套筒挤压机	радиальный профильный пресс для арматурного стержня с стальной муфтой 径向钢筋套筒挤压机
		осевой профильный пресс для арматурного стержня с стальной муфтой 轴向钢筋套筒挤压机
оборудование для вытягивания предварительно напряженного арматурного стержня 预应力机械	высадочная машина для предварительно напряженного арматурного стержня 预应力钢筋墩头器	электрическая высадочная машина для предварительно напряженного арматурного стержня в холодном состоянии 电动冷镦机
		гидравлическая высадочная машина для предварительно напряженного арматурного стержня в холодном состоянии 液压冷镦机
	натяжная машина для предварительно напряженного арматурного стержня 预应力钢筋张拉机	механическая натяжная машина для предварительно напряженного арматурного стержня 机械式张拉机
		гидравлическая натяжная машина для предварительно напряженного арматурного стержня 液压式张拉机
	проникающая машина для предварительно напряженного арматурного стержня 预应力钢筋穿束机	проникающая машина для предварительно напряженного арматурного стержня 预应力钢筋穿束机
		затирочная машина для предварительно напряженного арматурного стержня 预应力钢筋灌浆机

（续表）

Группа/组	Тип/型	Продукт/产品
оборудование для вытягивания предварительно напряженного арматурного стержня 预应力机械	домкрат для натяжения арматуры 预应力千斤顶	домкрат для натяжения арматуры типа переднего зажима 前卡式预应力千斤顶
		непрерывный домкрат для натяжения арматуры 连续式预应力千斤顶
предварительно напряженное оборудование 预应力机具	анкеровка для предварительного напряжения 预应力筋用锚具	анкеровка для предварительного напряжения типа переднего зажима 前卡式预应力锚具
		анкеровка для предварительного напряжения типа центрального отверстия 穿心式预应力锚具
	зажим для предварительно напряженного арматурного стержня 预应力筋用夹具	зажим для предварительно напряженного арматурного стержня 预应力筋用夹具
	соединитель для предварительно напряженного арматурного стержня 预应力筋用连接器	соединитель для предварительно напряженного арматурного стержня 预应力筋用连接器
другие усиленная техника для обработки арматурного стержня и техника для вытягивания предварительно напряженного арматурного стержня 其他钢筋及预应力机械		

61

15 камнебурильная машина 凿岩机械

Группа/组	Тип/型	Продукт/产品
камнебурильная машина 凿岩机	пневматическая ручная камнебурильная машина 气动手持式凿岩机	ручная камнебурильная машина 手持式凿岩机
	пневматическая камнебурильная машина 气动凿岩机	ручной бур с пневматическим bтолкателем 手持气腿两用凿岩机
		бур с пневматическим bтолкателем 气腿式凿岩机
		высокочастотный бур с пневматическим толкателем 气腿式高频凿岩机
		пневматическая камнебурильная машина 气动向上式凿岩机
		рельсовая пневматическая камнебурильная машина 气动导轨式凿岩机
		рельсовая пневматическая камнебурильная машинас независимым вращением 气动导轨式独立回转凿岩机
	ручная камнебурильная машинас внутренним сгоранием 内燃手持式凿岩机	ручная камнебурильная машина с внутренним сгоранием 手持式内燃凿岩机
	гидравлическая камнебурильная машина 液压凿岩机	ручная гидравлическая камнебурильная машина 手持式液压凿岩机
		гидравлическая камнебурильная машина с толкателем 支腿式液压凿岩机
		рельсовая гидравлическая камнебурильная машина 导轨式液压凿岩机
	электрическая камнебурильная машина 电动凿岩机	ручная электрическая камнебурильная машина 手持式电动凿岩机

（续表）

Группа/组	Тип/型	Продукт/产品
камнебурильная машина 凿岩机	электрическая камнебурильная машина 电动凿岩机	электрическая камнебурильная машина с толкателем 支腿式电动凿岩机
		рельсовая электрическая камнебурильная машина 导轨式电动凿岩机
буровая каретка и буровая машина под открытым небом 露天钻车钻机	пневматическая и полугидравлическая буровая машина на гусеничном ходу под открытым небом 气动、半液压履带式露天钻机	буровая машина на гусеничном ходу под открытым небом 履带式露天钻机
		буровая машина для затопленного отверстия на гусеничном ходу под открытым небом 履带式潜孔露天潜孔钻机
		гусеничная буровая машина для затопленного отверстия с средним давлением / высоким давлением под открытым небом 履带式潜孔露天中压/高压潜孔钻机
	пневматическая и полугидравлическая рельсовая буровая каретка под открытым небом 气动、半液压轨轮式露天钻车	колесная буровая каретка под открытым небом 轮胎式露天钻车
		рельсовая буровая каретка под открытым небом 轨轮式露天钻车
	гидравлическая буровая машина на гусеничном ходупод 液压履带式钻机	гидравлическая буровая машина на гусеничном ходу под открытым небом 履带式露天液压钻机
		гидравлическая буровая машина для затопленного отверстия на гусеничном ходу под открытым небом 履带式露天液压潜孔钻机
	гидравлическая буровая каретка 液压钻车	колесная гидравлическая буровая каретка под открытым небом 轮胎式露天液压钻车
		рельсовая гидравлическая буровая каретка под открытым небом 轨轮式露天液压钻车

Группа/组	Тип/型	Продукт/产品
подземная буровая каретка и буровая машина 井下钻车钻机	пневматическая и полугидравлическая буровая машина на гусеничном ходу 气动、半液压履带式钻机	буровая машина на гусеничном ходу для подземных работ 履带式采矿机
		буровая машина на гусеничном ходу для прокладывания тоннелей 履带式掘进钻机
		болтовая буровая машина на гусеничном ходу 履带式锚杆钻机
	пневматическая и полугидравлическая буровая каретка 气动、半液压式钻车	колесная буровая каретка для подземных работ /прокладывания тоннелей /вколачивания анкерных свай 轮胎式采矿/掘进/锚杆钻车
		рельсовая буровая каретка для подземных работ /прокладывания тоннелей /вколачивания анкерных свай 轨轮式采矿/掘进/锚杆钻车
	полная гидравлическая буровая машина на гусеничном ходу 全液压履带式钻机	гидравлическая буровая машина на гусеничном ходу для подземных работ /прокладывания тоннелей /вколачивания анкерных свай 履带式液压采矿/掘进/锚杆钻机
	полная гидравлическая буровая каретка 全液压钻车	колесная гидравлическая буровая каретка для подземных работ /прокладывания тоннелей /вколачивания анкерных свай 轮胎式液压采矿/掘进/锚杆钻车
		рельсовая гидравлическая буровая каретка для подземных работ /прокладывания тоннелей /вколачивания анкерных свай 轨轮式液压采矿/掘进/锚杆钻车
пневматический буровой молоток для затопленного отверстия 气动潜孔冲击器	буровой молоток для затопленного отверстия с низким давлением 低气压潜孔冲击器	буровой молоток для затопленного отверстия 潜孔冲击器
	буровой молоток для затопленного отверстия с средним давлением /высоким давлением 中、高气压潜孔冲击器	буровой молоток для затопленного отверстия с средним давлением /высоким давлением 中压/高压潜孔冲击器

64

Группа/组	Тип/型	Продукт/产品
вспомогательное оборудование для камнебурения 凿岩辅助设备	опора，опорная нога，опорная стойка 支腿	пневматический толкатель /водяная опора /масляная опора/опора с ручным запуском 气腿/水腿/油腿/手摇式支腿
	буровой агрегат с колонной 柱式钻架	буровой агрегат содной колонной/двухколонныйбуровой агрегат 单柱式/双柱式钻架
	дисковый буровой станок 圆盘式钻架	дисковый/зонтичный /кольцевой буровой станок 圆盘式/伞式/环形钻架
	другие 其他	пылесборник，масленка，машина для шлифования бура 集尘器、注油器、磨钎机
другая камнебурильная машина 其他凿岩机械		

16   пневматический инструмент 气动工具

Группа/组	Тип/型	Продукт/产品
поворотный пневматический инструмент 回转式气动工具	гравировальная ручка 雕刻笔	пневматическая гравировальная ручка 气动雕刻笔
	пневматическая дрель 气钻	пневматическая дрель с прямым хвостовиком，пневматическая дрель типа ружейной рукоятки，пневматическая дрель с боковой рукояткой，комбинированная пневматическая дрель，/отбойный молоток //пневматическая бормашина/ 直柄式/枪柄式/侧柄式/组合用气钻/气动开颅钻/气动牙钻
	резьбонарезная машина 攻丝机	пневматическая резьбонарезная машина с прямым хвостовиком，пневматическая резьбонарезная машина типа ружейной рукоятки，комбинированная пневматическая резьбонарезная машина 直柄式/枪柄式/组合用气动攻丝机

Группа/组	Тип/型	Продукт/产品
поворотный пневматический инструмент 回转式气动工具	шлифовальная машина 砂轮机	пневматическая шлифовальная машина с прямым хвостовиком, угловая пневматическая шлифовальная машина, вертикальная пневматическая шлифовальная машина, комбинированная пневматическая шлифовальная машина, пневматическая проволочная щетка с прямым хвостовиком 直柄式/角向/端面式/组合气动砂轮机/直柄式气动钢丝刷
	полировщик 抛光机	вертикальный полировщик круговой полировщик угловой полировщик 端面/圆周/角向抛光机
	шлифовщик 磨光机	вертикальный пневматический шлифовщик, круговой пневматический шлифовщик, возвратно-поступательный пневматический шлифовщик, ленточный пескоструйный пневматический шлифовщик, пневматический шлифовщик с скейтбордом, треугольный пневматический шлифовщик 端面/圆周/往复式/砂带式/滑板式/三角式气动磨光机
	фрезер 铣刀	пневматический фрезер, треугольный пневматический фрезер 气铣刀/角式气铣刀
	пневматическая пила 气锯	ленточная пневматическая пила, ленточная колеблющаяся пневматическая пила, дисковая пневматическая пила, цепная пневматическая пила 带式/带式摆动/圆盘式/链式气锯
		пневматическая точная пила 气动细锯
	ножницы 剪刀	пневматические ножницы, пневматический перфоратор 气动剪切机/气动冲剪机

（续表）

Группа/组	Тип/型	Продукт/产品
поворотный пневматический инструмент 回转式气动工具	пневмоотвертка 气螺刀	пневмоотвертка с прямым хвостовиком, пневмоотвертка с ружейной рукояткой, угловая пневмоотвертка 直柄式/枪柄式/角式失速型气螺刀
	пневматический гаечный ключ 气扳机	пневматический гаечный ключ с ружейной рукояткой, пневматический гаечный ключ без сцепления, пневматический гаечный ключ с автоматическим отключением 枪柄式失速型/离合型/自动关闭型纯扭气扳机
		угловой ударопрочный пневматический гаечный ключ, пневматический гаечный ключ без сцепления 角式失速型/离合型纯扭气扳机
		пневматический гаечный ключ с трещоткой, двухскоростной пневматический гаечный ключ 棘轮式/双速型/组合式全扭气扳机
		пневматический гаечный ключ с открытым кулачковым рукавом, пневматический гаечный ключ с закрытым кулачковым рукавом 开口爪型套筒/闭口爪型套筒纯扭气扳机
		пневматический гаечный ключ с пневматической шпилькой 气动螺柱气扳机
		пневматический гаечный ключ с прямым хвостовиком, пневматический гаечный ключ типа прямого хвостовика с управлением крутящим моментом 直柄式/直柄式定扭矩气扳机
		пневматический гаечный ключ с накоплением энергии 储能型气扳机
		высокоскоростной пневматический гаечный ключ с прямым хвостовиком 直柄式高速气扳机

Группа/组	Тип/型	Продукт/产品
поворотный пневматический инструмент 回转式气动工具	пневматический гаечный ключ 气扳机	пневматический гаечный ключ с пистолетным хвостовиком, пневматический гаечный ключ типа пистолетного хвостовика с управлением крутящим моментом, высокоскоростной пневматический гаечный ключ с пистолетным хвостовиком 枪柄式/枪柄式定扭矩/枪柄式高速气扳机
		угловой пневматический гаечный ключ, угловой пневматический гаечный ключ с управлением крутящим моментом угловой высокоскоростной пневматический гаечный ключ 角式/角式定扭矩/角式高速气扳机
		комбинированный пневматический гаечный ключ 组合式气扳机
		пневматический импульсный гаечный ключ с прямым хвостовиком, пневматический импульсный гаечный ключ с пистолетным хвостовиком, угловой пневматический импульсный гаечный ключ, пневматический импульсный гаечный ключ с электрическим управлением 直柄式/枪柄式/角式/电控型脉冲气扳机
	вибратор 振动器	повторный пневмовибратор 回转式气动振动器
ударный пневматический инструмент 冲击式气动工具	клепальная машина 铆钉机	пневматическая клепальная машина с прямым хвостовиком, пневматическая клепальная машина с изогнутым хвостовиком, пневматическая клепальная машина с пистолетным хвостовиком 直柄式/弯柄式/枪柄式气动铆钉机
		пневматический съёмник заклепок, пневматический клепальный пресс 气动拉铆钉机/压铆钉机

(续表)

Группа/组	Тип/型	Продукт/产品
ударный пневматический инструмент 冲击式气动工具	гвоздезабивочнвя машина 打钉机	пневматическая гвоздезабивочнвя машина/ пневматическая гвоздезабивочнвя машина с полосным гвоздем/ пневматическая гвоздезабивочнвя машина с U-образным гвоздем 气动打钉机/条形钉/U 型钉气动打钉机
	степлер 订合机	пневматический степлер 气动订合机
	гибочный пресс 折弯机	гибочный пресс 折弯机
	принтер 打印器	принтер 打印器
	клещи 钳	пневматические клещи/гидравлические клещи 气动钳/液压钳
	разветвитель 劈裂机	пневматический разветвитель/ гидравлический разветвитель 气动/液压劈裂机
	расширитель 扩张器	гидравлический расширитель 液压扩张机
	гидравлический резак 液压剪	гидравлический резак 液压剪
	мешалка 搅拌机	пневматическая мешалка 气动搅拌机
	пачковязальная машина 捆扎机	пневматическая пачковязальная машина 气动捆扎机
	запечатывающая машина 封口机	пневматическая запечатывающая машина 气动封口机
	ломающий молот 破碎锤	пневматический ломающий молот 气动破碎锤
	отбойный молоток 镐	пневматический отбойный молоток, гидравлический отбойный молоток, отбойный молоток с внутренним сгоранием, электрический отбойный молоток 气镐、液压镐、内燃镐、电动镐

69

(续表)

Группа/组	Тип/型	Продукт/产品
ударный пневматический инструмент 冲击式气动工具	пневмолопата 气铲	пневмолопата с прямым хвостовиком, пневмолопата с изогнутым хвостовиком, пневмолопата с кольцевым хвостовиком 直柄式/弯柄式/环柄式气铲/铲石机
	трамбовка 捣固机	пневматическая трамбовка, пневматическая трамбовка для подушки, пневматическая трамбовочная машина 气动捣固机/枕木捣固机/夯土捣固机
	напильник 锉刀	поворотный пневматический напильник, поршневой пневматический напильник, роторный поршневой пневматический напильник, поворотныйкачающийся пневматический напильник 旋转式/往复式/旋转往复式/旋转摆动式气锉刀
	лопасть 刮刀	пневматическая лопасть пневматическая поворотная лопасть 气动刮刀/气动摆动式刮刀
	гравировальный инструмент 雕刻机	вращающийся пневматический гравировальный инструмент 回转式气动雕刻机
	бурильная машина 凿毛机	пневматическая бурильная машина 气动凿毛机
	вибратор 振动器	пневматический вибрационный стержень 气动振动棒
		ударный пневмовибратор 冲击式振动器
другая пневматическая машина 其他气动机械	пневмомотор 气动马达	лопастной пневмомотор 叶片式气动马达
		поршневой/аксиально-поршневой пневмомотор 活塞式/轴向活塞式气动马达

70

Группа/组	Тип/型	Продукт/产品
другая пневматическая машина 其他气动机械	пневмомотор 气动马达	зубчатый пневмомотор 齿轮式气动马达
		турбинный пневмомотор 透平式气动马达
	пневматический насос 气动泵	пневматический насос 气动泵
		пневматический мембранный насос 气动隔膜泵
	пневматическая лебедка 气动吊	цепная пневматическая лебедка/ канатная пневматическая лебедка 环链式/钢绳式气动吊
	пневматическая лебедка/ пневматический кабестан 气动绞车/绞盘	пневматическая лебедка 气动绞车
	пневматический свайный молоток 气动桩机	пневматическая свайная машина/ экстрактор 气动打桩机/拔桩机
другая пневматическая машина 其他气动工具		

17 военно-строительная техника 军用工程机械

Группа/组	Тип/型	Продукт/产品
дорожная техника 道路机械	бронированная строительная машина 装甲工程车	бронированная строительная машина на гусеничном ходу 履带式装甲工程车
		колесная бронированная строительная машина 轮式装甲工程车
	многоцелевой строительный автомобиль 多用工程车	гусеничный многоцелевой строительный автомобиль 履带式多用工程车
		колесный многоцелевой строительный автомобиль 轮式多用工程车

(续表)

Группа/组	Тип/型	Продукт/产品
дорожная техника 道路机械	бульдозер 推土机	гусеничный бульдозер 履带式推土机
		колесный гусеничный 轮式推土机
	погрузчик 装载机	колесный погрузчик 轮式装载机
		проскальзывающий погрузчик 滑移装载机
	грейдер 平地机	самоходный грейдер 自行式平地机
	дорожный каток 压路机	вибрационный дорожный каток 振动式压路机
		статический дорожный каток 静作用式压路机
	снегоочиститель 除雪机	роторный снегоочиститель 轮子除雪机
		снегоуборочная машина с плугом 犁式除雪机
полевая городская строительная техника 野战筑城机械	канавокопатель 挖壕机	гусеничный канавокопатель 履带式挖壕机
		колесный траншеекопатель 轮式挖壕机
	землеройная машина 挖坑机	гусеничный экскаватор 履带式挖坑机
		колесный копатель 轮式挖坑机
	экскаватор 挖掘机	гусеничный экскаватор 履带式挖掘机
		колесный экскаватор 轮式挖掘机
		горный экскаватор 山地挖掘机
	техника для полевых работ 野战工事作业机械	полевой автомобиль 野战工事作业车
		горные джунгли рабочая машина 山地丛林作业机

（续表）

Группа/组	Тип/型	Продукт/产品
полевая городская строительная техника 野战筑城机械	сверлильный станок 钻孔机具	грунтовый сверлильный станок 土钻
		быстрая буровая машина 快速成孔钻机
	машина для работы мерзлых грунтов 冻土作业机械	механическо-взрывный траншеекопатель 机-爆式挖壕机
		сверлильный станок для мерзлых грунтов 冻土钻井机
постоянная городская строительная техника 永备筑城机械	камнебурильная машина 凿岩机	камнебурильная машина 凿岩机
		буровая установка для бурения по породе 凿岩台车
	воздушный компрессор 空压机	воздушный компрессор с мотором 电动机式空压机
		воздушный компрессор с двигателем внутреннего сгорания 内燃机式空压机
	туннельный вентилятор 坑道通风机	туннельный вентилятор 坑道通风机
	туннельный комбинированный проходчик 坑道联合掘进机	туннельный комбинированный проходчик 坑道联合掘进机
	туннельный погрузчик 坑道装岩机	туннельный погрузчик 坑道式装岩机
		колесный погрузчик 轮胎式装岩机
	оборудование для покрытия туннелей 坑道被覆机械	стальная тележка 钢模台车
		машина для бетонирования 混凝土浇注机
		машина для торкретирования 混凝土喷射机
	дробилка 碎石机	щековая дробилка 颚式碎石机

Группа/组	Тип/型	Продукт/产品
постоянная городская строительная техника 永备筑城机械	дробилка 碎石机	коническая дробилка 圆锥式碎石机
		валковая дробилка 辊式碎石机
		молотковая дробилка 锤式碎石机
	сито 筛分机	сито барабанного типа 滚筒式筛分机
	бетономешалка 混凝土搅拌机	перевернутая бетономешалка 倒翻式凝土搅拌机
		наклонная бетономешалка 倾斜式凝土搅拌机
		роторная бетономешалка 回转式凝土搅拌机
	оборудование для обработки арматурного стержня 钢筋加工机械	машина для резки арматурного стержня 直筋-切筋机
		гибочный станок для арматурного стержня 弯筋机
	деревообрабатывающее оборудование 木材加工机械	мотоциклетная пила 摩托锯
		циркулярная пила 圆锯机
машина для укладки, обнаружения и подметания мин 布、探、扫雷机械	машина для укладки мин 布雷机械	гусеничная машина для укладки мин 履带式布雷车
		колесная машина для укладки мин 轮胎式布雷车
	миноискатель 探雷机械	дорожный миноискатель 道路探雷车
	машина для подметания мин 扫雷机械	механический тральщик 机械式扫雷车
		интегрированный тральщик 综合式扫雷车
оборудование для монтажа мостовой балки 架桥机械	оборудование для монтажа мостовой балки 架桥作业机械	мостостроительный автомобиль 架桥作业车

Группа/组	Тип/型	Продукт/产品
оборудование для монтажа мостовой балки 架桥机械	механизированный мост 机械化桥	гусеничный механизированный мост 履带式机械化桥
		колесный механизированный мост 轮胎式机械化桥
	сваебойная машина 打桩机械	сваебойная машина 打桩机
техника полевой водоснабжения 野战给水机械	машина для разведки источника воды 水源侦察车	машина для разведки источника воды 水源侦察车
	сверлильный станок 钻井机	повторный сверлильный станок 回转式钻井机
		ударный сверлильный станок 冲击式钻井机
	водозаборная техника 汲水机械	водяной насос внутреннего сгорания 内燃抽水机
		электрический водяной насос 电动抽水机
	оборудование для очистки воды 净水机械	самоходный водоочиститель 自行式净水车
		буксируемый водоочиститель 拖式净水车
маскировочная техника 伪装机械	автомобиль камуфляжа для обследования 伪装勘测车	автомобиль камуфляжа для обследования 伪装勘测车
	автомобиль камуфляжа 伪装作业车	пятнистый маскировочный автомобиль 迷彩作业车
		поддельный целевой автомобиль 假目标制作车
		барьерная (высотная) рабочая машина 遮障(高空)作业车
автомобиль для обеспечения работы 保障作业车辆	мобильная электростанция 移动式电站	самоходная мобильная электростанция 自行式移动式电站
		буксируемая мобильная электростанция 拖式移动式电站
	инженерный автомобиль для технических работ 金木工程作业车	инженерный автомобиль для технических работ 金木工程作业车

（续表）

Группа/组	Тип/型	Продукт/产品
автомобиль для обеспечения работы 保障作业车辆	грузоподъемная машина 起重机械	автокран 汽车起重机
		колесный кран 轮胎式起重机
	гидравлический сервисный автомобиль 液压检修车	гидравлический сервисный автомобиль 液压检修车
	автомобиль для ремонтирования строительной техники 工程机械修理车	автомобиль для ремонтирования строительной техники 工程机械修理车
	специальный трактор 专用牵引车	специальный трактор 专用牵引车
	автомобиль для блока питания 电源车	автомобиль для блока питания 电源车
	автомобиль для газоснабжения 气源车	автомобиль для газоснабжения 气源车
другая военно-строительная техника 其他军用工程机械		

18 лифт и эскалатор 电梯及扶梯

Группа/组	Тип/型	Продукт/产品
лифт 电梯	пассажирский лифт 乘客电梯	пассажирский лифт переменного тока 交流乘客电梯
		пассажирский лифт постоянного тока 直流乘客电梯
		гидравлический пассажирский лифт 液压乘客电梯
	грузовой лифт 载货电梯	грузовой лифт переменного тока 交流载货电梯
		гидравлический грузовой лифт 液压载货电梯

（续表）

Группа/组	Тип/型	Продукт/产品
лифт 电梯	пассажиро-грузовой лифт 客货电梯	пассажиро-грузовой лифт переменного тока 交流客货电梯
		пассажиро-грузовой лифт постоянного тока 直流客货电梯
		гидравлический пассажиро-грузовой лифт 液压客货电梯
	больничный лифт 病床电梯	больничный лифт переменного тока 交流病床电梯
		гидравлическийбольничный лифт 液压病床电梯
	лифт в жилом здании 住宅电梯	жилой лифт переменного тока 交流住宅电梯
	сервисный лифт 杂物电梯	сервисный лифт переменного тока 交流杂物电梯
	панорамный лифт 观光电梯	панорамный лифт переменного тока 交流观光电梯
		панорамный лифтпостоянного тока 直流观光电梯
		гидравлический панорамный лифт 液压观光电梯
	лифт на судне 船用电梯	морской лифт переменного тока 交流船用电梯
		гидравлический морской лифт 液压船用电梯
	автомобильный лифт 车辆用电梯	автомобильный лифт переменного тока 交流车辆用电梯
		гидравлический автомобильный лифт 液压车辆用电梯
	взрывобезопасный лифт 防爆电梯	взрывобезопасный лифт 防爆电梯
авто-эскалатор 自动扶梯	обычный авто-эскалатор 普通型自动扶梯	обычный авто-эскалатор с звеньевой цепей 普通型链条式自动扶梯
		обычный авто-эскалатор с зубчатой рейкой 普通型齿条式自动扶梯

77

（续表）

Группа/组	Тип/型	Продукт/产品
авто-эскалатор 自动扶梯	авто-эскалатор общественного транспорта 公共交通型自动 扶梯	авто-эскалатор общественного транспорта с звеньевой цепей 公共交通型链条式自动扶梯
		авто-эскалатор общественного транспорта с зубчатой рейкой 公共交通型齿条式自动扶梯
	спиральный авто-эскалатор 螺旋形自动扶梯	спиральный авто-эскалатор 螺旋形自动扶梯
движущийся тротуар 自动人行道	обычный движущийся тротуар 普通型自动人行道	обычный движущийся тротуар типа педали 普通型踏板式自动人行道
		обычный движущийся тротуар типа ленточного барабана 普通型胶带滚筒式自动人行道
	движущийся тротуар типа общественного транспорта 公共交通型自动 人行道	движущийся тротуар типа общественного транспорта с педалей 公共交通型踏板式自动人行道
		движущийся тротуар типа общественного транспорта с ленточным барабаном 公共交通型胶带滚筒式自动人行道
другие лифты и эскалаторы 其他电梯及扶梯		

19　запчасти для строительной техники 工程机械配套件

Группа/组	Тип/型	Продукт/产品
энергосистема 动力系统	дизель, двигатель внутреннего сгорания, газовый двигатель 内燃机	дизельный двигатель 柴油发动机
		бензиновый двигатель 汽油发动机
		газовый двигатель 燃气发动机
		двигатель с двойной энергосистемой 双动力发动机
	аккумуляторная батарея 动力蓄电池组	аккумуляторная батарея 动力蓄电池组

Группа/组	Тип/型	Продукт/产品
энергосистема 动力系统	подсобная установка 附属装置	радиатор воды（бак для воды） 水散热箱（水箱）
		масляный радиатор 机油冷却器
		вентилятор 冷却风扇
		топливный бак 燃油箱
		турбо-нагнетатель 涡轮增压器
		воздушный фильтр 空气滤清器
		масляный фильтр 机油滤清器
		дизельный фильтр 柴油滤清器
		выхлопная труба（глушитель）в сборе 排气管（消声器）总成
		воздушный компрессор 空气压缩机
		генератор 发电机
		пусковой двигатель 启动马达
система передачи 传动系统	сцепление 离合器	сухое сцепление 干式离合器
		мокрое сцепление 湿式离合器
	гидротрансформатор 变矩器	гидравлический гидротрансформатор 液力变矩器
		гидравлический блок сцепления 液力耦合器
	коробка передач 变速器	механическая коробка передач 机械式变速器
		коробка передач с усилителем 动力换挡变速器
		электрогидравлическая трансмиссия 电液换挡变速器

Группа/组	Тип/型	Продукт/产品
система передачи 传动系统	приводной мотор 驱动电机	мотор постоянного тока 直流电机
		мотор переменного тока 交流电机
	устройство приводного вала 传动轴装置	приводной вал 传动轴
		сцепка 联轴器
	ведущий мост 驱动桥	ведущий мост 驱动桥
	редуктор 减速器	окончательный диск 终传动
		колесный редуктор 轮边减速
гидравлическое уплотнительное устройство 液压密封装置	цилиндр 油缸	цилиндр среднего и низкого давления 中低压油缸
		цилиндр высокого давления 高压油缸
		цилиндр сверхвысокого давления 超高压油缸
	гидравлический насос 液压泵	зубчатый насос 齿轮泵
		лопастной насос 叶片泵
		поршневой насос 柱塞泵
	гидромотор 液压马达	шерстеренный мотор 齿轮马达
		лопастной мотор 叶片马达
		поршневой мотор 柱塞马达
	гидравлический клапан 液压阀	гидравлический многоходовой реверсивный клапан 液压多路换向阀
		клапан регулирования давления 压力控制阀

(续表)

Группа/组	Тип/型	Продукт/产品
гидравлическое уплотнительное устройство 液压密封装置	гидравлический клапан 液压阀	клапан контроля потока 流量控制阀
		гидравлический пилотный клапан 液压先导阀
	гидравлический редуктор 液压减速机	ходовой редуктор 行走减速机
		поворотный редуктор 回转减速机
	аккумулятор 蓄能器	аккумулятор 蓄能器
	центральный вращающийся орган 中央回转体	центральный вращающийся орган 中央回转体
	гидравлические трубофитинги 液压管件	шланг высокого давления 高压软管
		шланг низкого давления 低压软管
		шланг высокой температуры и низкого давления 高温低压软管
		гидравлическая металлическая соединительная труба 液压金属连接管
		гидравлический фитинг 液压管接头
	аксессуары для гидравлической системы 液压系统附件	фильтр гидравлического масла 液压油滤油器
		охладитель гидравлического масла 液压油散热器
		бак гидравлического масла 液压油箱
	уплотнительное устройство 密封装置	перемещение сальника 动油封件
		фиксированное уплотнение 固定密封件
тормозная система 制动系统	воздушный резервуар 贮气筒	воздушный резервуар 贮气筒

81

Группа/组	Тип/型	Продукт/产品
тормозная система 制动系统	пневматический клапан 气动阀	пневматический реверсивный клапан 气动换向阀
		пневматический клапан контроля давления 气动压力控制阀
	насос-усилитель в сборе 加力泵总成	насос-усилитель в сборе 加力泵总成
	пневматический тормозной фитинг 气制动管件	пневматический шланг 气动软管
		пневматическая металлическая труба 气动金属管
		пневматический фитинг 气动管接头
	водомаслоотделитель 油水分离器	водомаслоотделитель 油水分离器
	тормозной насос 制动泵	тормозной насос 制动泵
	тормоз 制动器	ручной тормоз 驻车制动器
		дисковый тормоз 盘式制动器
		ленточный тормоз 带式制动器
		мокрый дисковый тормоз 湿式盘式制动器
прогулочное устройство 行走装置	сборка шин 轮胎总成	сплошная шина 实心轮胎
		пневматическая шина 充气轮胎
	сборка обода 轮辋总成	сборка обода 轮辋总成
	цепь противоскольжения шины 轮胎防滑链	цепь противоскольжения шины 轮胎防滑链
	гусеничная цепь в сборе 履带总成	обычная гусеничная цепь в сборе 普通履带总成
		мокрая гусеничная цепь в сборе 湿式履带总成

（续表）

Группа/组	Тип/型	Продукт/产品
прогулочное устройство 行走装置	гусеничная цепь в сборе 履带总成	резиновая гусеничная цепь в сборе 橡胶履带总成
		тройная гусеничная цепь в сборе 三联履带总成
	четыре колеса 四轮	подшипниковое колесо в сборе 支重轮总成
		несущий ролик в сборе 拖链轮总成
		направляющий колесо в сборе 引导轮总成
		ведущее колесо в сборе 驱动轮总成
	гусеничное натяжное устройство в сборе 履带张紧装置总成	гусеничное натяжное устройство в сборе 履带张紧装置总成
система наведения 转向系统	рулевой механизм в сборе 转向器总成	рулевой механизм в сборе 转向器总成
	рулевой мост 转向桥	рулевой мост 转向桥
	рулевое устройство 转向操作装置	рулевое устройство 转向装置
рама автомобиля и рабочее устройство 车架及工作装置	рама автомобиля 车架	рама автомобиля 车架
		поддержка поворота 回转支撑
		кабина водителя 驾驶室
		сиденье водителя в сборе 司机座椅总成
	рабочее устройство 工作装置	стрела 动臂
		штанга ковша 斗杆
		лопата/ковш 铲/挖斗
		зуб ковша 斗齿
		лезвие 刀片

83

（续表）

Группа/组	Тип/型	Продукт/产品
рама автомобиля и рабочее устройство 车架及工作装置	противовес 配重	противовес 配重
	портальная система 门架系统	портал 门架
		цепь 链条
		паллетная вилка 货叉
	подъемное оборудование 吊装装置	крюк 吊钩
		кливер 臂架
	вибрационное устройство 振动装置	вибрационное устройство 振动装置
электрическое устройство 电器装置	сборка электронной системы управления 电控系统总成	сборка электронной системы управления 电控系统总成
	композитный приборный блок 组合仪表总成	композитный приборный блок 组合仪表总成
	монитор в сборе 监控器总成	монитор в сборе 监控器总成
	аппарат 仪表	счетчик времени 计时表
		счетчик скорости, тахометр 速度表
		термометр 温度表
		манометр давления масла 油压表
		барометр 气压表
		датчик уровня масла 油位表
		амперметр 电流表
		вольтметр 电压表

（续表）

Группа/组	Тип/型	Продукт/产品
электрическое устройство 电器装置	тревога 报警器	дорожная сигнализация 行车报警器
		автомобильный извещатель 倒车报警器
	автомобильный свет 车灯	лампа освещения 照明灯
		лампа поворота 转向指示灯
		тормозной индикатор 刹车指示灯
		противотуманная фара 雾灯
		верхний свет кабины водителя 司机室顶灯
	кондиционер 空调器	кондиционер 空调器
	нагреватель 暖风机	нагреватель 暖风机
	электрический вентилятор 电风扇	электрический вентилятор 电风扇
	мойщик окон, стеклоочиститель 刮水器	мойщик окон, стеклоочиститель 刮水器
	аккумулятор 蓄电池	аккумулятор 蓄电池
специальная арматура 专用属具	гидравлический молот，ударный молот с гидравлическим приводом 液压锤	гидравлический молот，ударный молот с гидравлическим приводом 液压锤
	гидравлические ножницы 液压剪	гидравлические ножницы 液压剪
	гидравлический зажим 液压钳	гидравлический зажим 液压钳
	риппер 松土器	риппер 松土器

85

（续表）

Группа/组	Тип/型	Продукт/产品
специальная арматура 专用属具	вилка для деревьев 夹木叉	вилка для деревьев 夹木叉
	специальная арматура для вилочного погрузчика 叉车专用属具	специальная арматура для вилочного погрузчика 叉车专用属具
	другие фитинги 其他属具	другие фитинги 其他属具
другие аксессуары 其他配套件		

20　другая специальная строительная техника
其他专用工程机械

Группа/组	Тип/型	Продукт/产品
специальная строительная техника для электростанции 电站专用工程机械	пластинчатый башенный кран 扳起式塔式起重机	специальный пластинчатый башенный кран для электростанции 电站专用扳起式塔式起重机
	самоподъемный башенный кран 自升式塔式起重机	специальный самоподъемный башенный кран для электростанции 电站专用自升塔式起重机
	кран для верхней части котла 锅炉炉顶起重机	специальный кран для верхней части котла электростанции 电站专用锅炉炉顶起重机
	портальный кран, портальный поворотный подъемный кран 门座起重机	специальный портальный кран для электростанции 电站专用门座起重机
	гусеничный кран 履带式起重机	специальный гусеничный кран для электростанции 电站专用履带式起重机
	козловой кран 龙门式起重机	специальный козловой кран для электростанции 电站专用龙门式起重机
	кабельный кран 缆索起重机	специальный параллельно-подвижный эстакадный кабельный кран для электростанции 电站专用平移式高架缆索起重机

Группа/组	Тип/型	Продукт/产品
специальная строительная техника для электростанции 电站专用工程机械	грузовой подъемник, подъемное устройство, подъемник 提升装置	специальное гидравлическое кабельное подъемное устройство для электростанции 电站专用钢索液压提升装置
	строительный подъемник 施工升降机	специальный строительный подъемник для электростанции 电站专用施工升降机
		кривой строительный подъемник 曲线施工电梯
	бетоносмесительная установка 混凝土搅拌楼	специальная бетоносмесительная установка для электростанции 电站专用混凝土搅拌楼
	бетоносмесительная станция 混凝土搅拌站	специальная бетоносмесительная станция для электростанции 电站专用混凝土搅拌站
	башенная ленточная машина 塔带机	башенный ленточный бетонораспределитель 塔式皮带布料机
строительные и эксплуатационные машины железнодорожного транспорта 轨道交通施工与养护工程机械	монтажный кран, машина для монтажа мостовой балки 架桥机	монтажный кран для железобетонных коробчатых балок высокоскоростной пассажирской выделенной линии 高速客运专线混凝土箱梁架桥机
		монтажный кран для бетонной коробчатой балки без направляющей балки для высокоскоростной пассажирской выделенной линии 高速客运专线无导梁式混凝土箱梁架桥机
		монтажный кран для бетонной коробчатой балки с направляющей балкой для высокоскоростной пассажирской линии 高速客运专线导梁式混凝土箱梁架桥机
		монтажный кран для бетонной коробчатой балки с нижней направляющей балкой для высокоскоростной пассажирской линии 高速客运专线下导梁式混凝土箱梁架桥机

Группа/组	Тип/型	Продукт/产品
строительные и эксплуатационные машины железнодорожного транспорта 轨道交通施工与养护工程机械	монтажный кран, машина для монтажа мостовой балки 架桥机	колесо-рельсовой подвижный монтажный кран для железобетонных коробчатых балок высокоскоростной пассажирской выделенной линии 高速客运专线轮轨走行移位式混凝土箱梁架桥机
		резиновый колесный подвижный монтажный кран для железобетонных коробчатых балок 实胶轮走行移位式混凝土箱梁架桥机
		смешанный подвижный монтажный кран для железобетонных коробчатых балок 混合走行移位式混凝土箱梁架桥机
		монтажный кран для двухпутных железобетонных коробчатых балок высокоскоростной пассажирской выделенной линии 高速客运专线双线箱梁过隧道架桥机
		монтажный кран для Т-образной коробчатой балки обычной железнодорожной линии 普通铁路 T 梁架桥机
		монтажный кран для Т-образной коробчатой балки для обычной железнодорожной линии и шоссе 普通铁路公铁两用 T 梁架桥机
	транспортёр балки коробчатого сечения 运梁车	колесный транспортёр балки коробчатого сечения для двухпутных железобетонных коробчатых балок высокоскоростной пассажирской выделенной линии 高速客运专线混凝土箱梁双线箱梁轮胎式运梁车
		колесный транспортёр балки коробчатого сечения для двухпутных железобетонных коробчатых балок высокоскоростной пассажирской выделенной линии 高速客运专线过隧道双线箱梁轮胎式运梁车

（续表）

Группа/组	Тип/型	Продукт/产品
строительные и эксплуатационные машины железнодорожного транспорта 轨道交通施工与养护工程机械	транспортёр балки коробчатого сечения 运梁车	колесный транспортёр балки коробчатого сечения для однопутной железобетонной коробчатой балик высокоскростной пассажирской выделенной линии 高速客运专线单线箱梁轮胎式运梁车
		рельсовый транспортёр балки коробчатого сечения для T-образной коробчатой балки для обычной железнодорожной линии 普通铁路轨行式 T 梁运梁车
	подъем балки 梁场用提梁机	колесный подъем балки 轮胎式提梁机
		колесо-рельсовой подъем балки 轮轨式提梁机
	оборудование для производства, транспортировки и укладки путевой надстройки 轨道上部结构制运铺设备	оборудование для транспортировки и укладки длинномерных рельсов с одним спальным местом для балластных линий 有砟线路长轨单枕法运铺设备
		оборудование для производства, транспортировки и укладки дорожек для безбалластной системы 无砟轨道系统制运铺设备
		оборудование для производства, транспортировки и укладки дорожек для системы монолитной плиты дорожки 无砟板式轨道系统制运铺设备
		оборудование для производства, транспортировки и укладки дорожек для безбалластной системы 无砟轨道系统制运铺设备
		оборудование для производства, транспортировки и укладки дорожек для системы монолитной плиты дорожки 无砟板式轨道系统制运铺设备
	серия оборудования для обслуживания балласта 道砟设备养护用设备系列	специальный балластный грузовик 专用运道砟车
		машина для балластировки 配砟整形机

Группа/组	Тип/型	Продукт/产品
строительные и эксплуатационные машины железнодорожного транспорта 轨道交通施工与养护工程机械	серия оборудования для обслуживания балласта 道砟设备养护用设备系列	машина для подбивки балласта 道砟捣固机
		балластоочистительная машина 道砟清筛机
	оборудование для строительства и обслуживания электрифицированных линий 电气化线路施工与养护设备	экскаватор для столбца контактной сети 接触网立柱挖坑机
		монтажное оборудование для колонки контактной сети 接触网立柱竖立设备
		автомобиль для прокладки кабелей контактной сети 接触网架线车
специальная строительная техника для водного хозяйства 水利专用工程机械	специальная строительная техника для водного хозяйства 水利专用工程机械	специальная строительная техника для водного хозяйства 水利专用工程机械
специальная строительная техника для шахт 矿山用工程机械	специальная строительная техника для шахт 矿山用工程机械	специальная строительная техника для шахт 矿山用工程机械
другая строительная техника 其他工程机械		